高职高专"十三五"规划教材

金属材料生产技术

主编 刘玉英 张秀芳

北 京

冶金工业出版社

2017

内 容 简 介

本书共分5个模块,主要介绍了炼铁生产技术、炼钢生产技术、连续铸钢生产技术、板带钢生产技术和钢管生产技术。本书按照金属材料生产流程设立学习模块,运用基于工作过程理念选取企业生产实际中的案例作为工作任务,使内容最大限度地贴近企业真实的工作场景。

本书为冶金类高职高专院校相关专业教材(配有教学课件),也可作为冶金企业岗位培训的参考书。

图书在版编目(CIP)数据

金属材料生产技术/刘玉英,张秀芳主编.—北京:
冶金工业出版社,2017.8
高职高专"十三五"规划教材
ISBN 978-7-5024-7584-0

Ⅰ.①金… Ⅱ.①刘… ②张… Ⅲ.①冶金—生产工艺—高等职业教育—教材 Ⅳ.①TF1

中国版本图书馆 CIP 数据核字(2017)第 202945 号

出 版 人　谭学余
地　　　址　北京市东城区嵩祝院北巷 39 号　邮编　100009　电话　(010)64027926
网　　　址　www.cnmip.com.cn　电子信箱　yjcbs@cnmip.com.cn
责任编辑　俞跃春　贾怡雯　美术编辑　吕欣童　版式设计　孙跃红
责任校对　郭惠兰　责任印制　牛晓波
ISBN 978-7-5024-7584-0
冶金工业出版社出版发行;各地新华书店经销;三河市双峰印刷装订有限公司印刷
2017 年 8 月第 1 版, 2017 年 8 月第 1 次印刷
787mm×1092mm　1/16; 9.5 印张; 230 千字; 144 页
33.00 元

冶金工业出版社　投稿电话　(010)64027932　投稿信箱　tougao@cnmip.com.cn
冶金工业出版社营销中心　电话　(010)64044283　传真　(010)64027893
冶金书店　地址　北京市东四西大街 46 号(100010)　电话　(010)65289081(兼传真)
冶金工业出版社天猫旗舰店　yjgycbs.tmall.com
(本书如有印装质量问题,本社营销中心负责退换)

前　言

目前，冶金类职业院校开设的专业并不局限于冶金生产类，还开设一些与之相关的专业，如机电一体化技术、电气自动化技术等服务冶金行业的专业，这些专业的学生需要了解金属材料生产流程和生产技术，需要一本满足非冶金专业学生认识和了解冶金生产过程的教材。本书的编写目的是使该类学生了解和熟悉金属材料生产流程与技术，为今后在冶金行业工作打下一定的基础。

本书在内容的组织安排上，力求简明，通俗易懂，理论联系实际，着重应用，使学生掌握相关理论知识点和操作技能。

本书由天津冶金职业技术学院刘玉英、张秀芳担任主编，参加编写的还有林磊、李秀娟、于万松、柴书彦、王磊、宫娜，全书由刘玉英统稿。本书由天津冶金职业技术学院孔维军正高级工程师担任主审，对本书提出了许多宝贵意见。

本书配套教学课件读者可从冶金工业出版社官网（www.cnmip.com.cn）搜索资源获得。

由于编者水平有限，书中不足之处，敬请读者批评指正。

编　者
2017 年 6 月

目　录

模块 1 炼铁生产技术

任务 1.1 初识炼铁生产

1.1.1 炼铁概念与方法

1.1.1.1 概念

将铁从其自然形态——矿石等含铁化合物中还原出来的过程称为炼铁。

1.1.1.2 炼铁方法

炼铁方法主要有高炉法、直接还原法和熔融还原法等，其原理是矿石在特定的气氛中通过物化反应获取还原后的生铁。生铁除了少部分用于铸造外，绝大部分是作为炼钢原料。

A 高炉法

高炉炼铁是现代炼铁的主要方法，是钢铁生产中的重要环节，高炉炼铁生产的主要产品是生铁，副产品有炉渣、煤气和炉尘。这种方法是由古代竖炉炼铁发展改进而成的。尽管世界各国研究发展了很多新的炼铁法，但由于高炉炼铁技术具有经济指标良好、工艺简单、生产量大、劳动生产率高和能耗低等优势，因此高炉生产的铁量占世界铁总产量的95%以上。

B 直接还原法

人类最早获得铁的方法就是直接还原法。直接还原铁是指用直接还原法在低温固态下还原的金属铁。直接还原炼铁是用气体或固体还原剂在低于矿石软化温度下，在反应装置内将铁矿石还原成金属铁的方法。其产品称直接还原铁（DRI），这种铁保留了失氧前的外形，因失氧形成大量微孔隙，显微镜下形似海绵结构，故又称海绵铁。

直接还原法分为气基直接还原炼铁法和煤基直接还原炼铁法。

（1）气基直接还原炼铁法。该法以天然气、油作能源，用氧化性气体（CO_2、H_2O）或氧作氧化剂，采用催化转化、高温裂解或部分氧化法实现碳氢化合物的分解转化，制成CO 和 H_2 混合气或 H_2 还原气；或者用焦炭（或煤）制备还原气，在一定温度下将铁氧化物还原成金属铁。主要方法有竖炉法、罐式法、流态化法和碳化铁法。

（2）煤基直接还原炼铁法。用非焦煤或含碳物作还原剂和热源，在不同反应器内将铁矿石固相还原成金属铁。已工业化的主要是回转窑直接还原法，其他有竖炉法、转底炉法、固定床法。

C 熔融还原法

熔融还原法是指不用高炉而在高温熔融状态下还原铁矿石的方法，其产品是成分与高炉铁水相近的液态铁水。开发熔融还原法的目的是取代或补充高炉法炼铁。

目前世界上熔融还原法很多，其中只有 Corex 法技术比较成熟并已形成工业生产规模，其他诸法仍在发展和工业化过程中。熔融还原法在我国尚未得到很大发展，目前处于实验室试验和半工业试验阶段。

1.1.2　高炉炼铁工艺流程

高炉炼铁就是将含铁原料（烧结矿、球团矿或天然块铁矿）、燃料（焦炭、煤粉等）及其他辅助原料（石灰石、白云石、锰矿等）按一定比例自高炉炉顶装入高炉，并由热风炉在高炉下部的风口向高炉内鼓入热风助焦炭燃烧产生煤气。下降的炉料和上升的煤气相遇，先后发生传热、还原、熔化等物理化学作用而生成液态生铁，同时产生高炉煤气、炉渣两种副产品。渣、铁被定期从高炉排出，产生的煤气从炉顶导出。其生产工艺流程如图 1-1 所示。

图 1-1　高炉炼铁生产工艺流程

1.1.3　高炉炼铁系统组成

（1）高炉本体。高炉本体是炼铁生产的核心部分，它是一个近似于竖直的圆筒形设备。它由炉壳、炉衬、冷却设备、炉底和炉基等组成。高炉的内部空间称为炉型，从上到下分为五段，即炉喉、炉身、炉腰、炉腹、炉缸，整个冶炼过程是在高炉内完成的。

（2）上料系统。上料系统包括储矿场、储矿槽、槽下漏斗、槽下筛分、称量和运输等一系列设备。其任务是将高炉所需原燃料，按比例通过上料设备运送到炉顶受料漏斗中。

（3）装料系统。装料设备一般分为钟式、钟阀式和无钟式三类。比较先进的高炉一般采用无钟式装料设备。其任务是均匀地按工艺要求将上料系统运来的炉料装入炉内。

（4）送风系统。送风系统包括鼓风机、热风炉和一系列管道和阀门等。其任务是把从鼓风机送出的冷风加热并送入高炉。

（5）喷煤系统。喷煤系统包括磨煤机、储煤罐、喷煤罐、混合器和喷枪等设备。其任务是磨制、收存和计量后把煤粉均匀稳定地从风口喷入高炉。

（6）渣铁处理系统。渣铁处理系统包括出铁口、泥炮、开口机、铁水罐、水渣池等。其任务是定期将炉内的渣铁出净，保证高炉连续生产。

（7）煤气处理系统。煤气处理系统包括煤气上升管、下降管、重力除尘器、布袋除尘器、静电除尘器等。其任务是将炉顶引出的含尘量很高的煤气净化成合乎要求的净煤气。

高炉冶炼过程是一系列复杂的物理化学反应过程的总和。有炉料的挥发与分解，铁氧化物和其他物质的还原，生铁与炉渣的形成，燃料燃烧，热交换和炉料与煤气运动等。本模块主要介绍高炉炼铁相关知识。

任务 1.2　高炉本体

1.2.1　高炉炉型

高炉是竖炉，高炉冶炼的实质是上升的煤气流和下降的炉料之间进行传热传质的过程，因此必须提供燃料燃烧的空间，提供高温煤气流与炉料进行传热传质的空间。炉型演变过程大体可分为无型阶段、大腰阶段和近代高炉三个阶段。无型阶段是最原始的方法，大腰阶段生产率很低，近代高炉由于鼓风能力进一步提高，原燃料处理更加精细，高炉炉型向着"矮胖型"发展。

近代高炉由炉缸、炉腹、炉腰、炉身和炉喉五段组成，故称为五段式炉型，如图 1-2 所示。

1.2.2　高炉炉衬

高炉炉衬是用能够抵抗高温和化学侵蚀作用的耐火材料砌筑成的。炉衬的主要作用是构成工作空间，减少散热损失，以及保护金属结构件免遭热应力和化学侵蚀作用。

1.2.3　高炉冷却设备

1.2.3.1　作用

高炉冷却设备可以降低炉衬温度，使炉衬保持一定的强度，维护炉型，延长寿命；同时可以形成保护性渣皮、保护炉衬；保护炉壳、支柱等金属结构，免受高温影响；有些冷却设备还可以起到支持部分炉衬的作用。

图 1-2　五段式高炉炉型

1.2.3.2　冷却方法

高炉系统的冷却一般有强迫冷却和自然冷却两种。强迫冷却具有冷却强度大的优点，但自然冷却（喷水）设备简单，故小高炉常用外部喷水冷却的方法。

目前，强迫冷却用的冷却介质有水冷、风冷和汽化冷却三种。水冷是目前高炉冷却最主要的方式。风冷目前主要用于炉底，故无法用于热负荷较高的部位，但风冷比水冷安全性高。汽化冷却是目前高炉冷却上的一项新技术，它是利用接近饱和温度的水，在冷却器内受热汽化时大量吸收热量的原理达到冷却设备的目的（见图 1-3）。这种方法的优点是可大量节约工业用水，可为缺水地区建设钢铁厂提供方便条件。

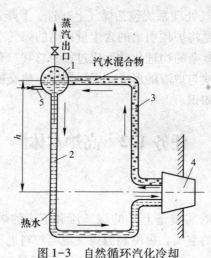

图 1-3　自然循环汽化冷却

1—汽包；2—下降管；3—上升管；4—冷却设备；5—供水管

1.2.3.3　冷却设备

（1）喷水冷却装置。这种装置简单、易于检修，但冷却不深入，只限于炉皮或碳质炉衬的冷却。我国小型高炉炉身和炉腹多采用喷水冷却。

（2）冷却壁。它是内部铸有无缝钢管的铸铁板，装在炉衬和炉壳之间。冷却壁有光面和镶砖的两种，结构如图 1-4 所示。光面冷却壁用于炉底和炉缸，镶砖冷却壁用于炉腹、炉腰和炉身下部。

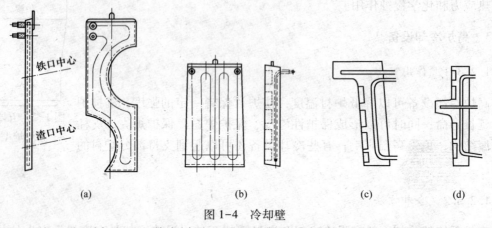

　铁口中心

　渣口中心

(a)　　　　　　　　　　(b)　　　　　　　　　(c)　　　　　　(d)

图 1-4　冷却壁

（a）渣铁口区光面冷却壁；（b）镶砖冷却壁；（c）上部带凸台镶砖冷却壁；（d）中间带凸台镶砖冷却壁

（3）冷却水箱/冷却板。它是埋设在高炉炉衬中的冷却器。其材质以铸铁为主，也有用不锈钢和钢板焊接的。从外形上可分为扁平卧式和支梁式，其结构如图 1-5 和图 1-6 所示。

（4）炉底冷却设备。随着高炉冶炼的进一步强化，炉底侵蚀严重，炉基经常出现过热现象。为延长炉底寿命，通常在炉底耐火砖下面进行强制冷却，在炉底砌体周围则用光面冷却壁冷却。图 1-7 为高炉的水冷炉底结构图。

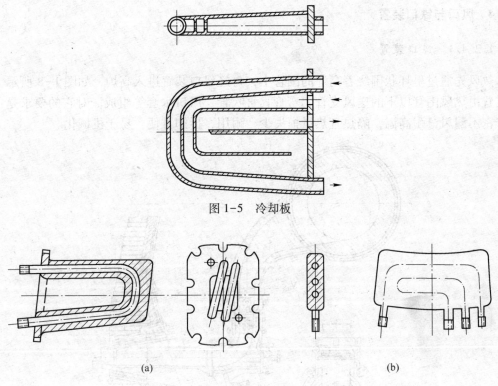

图 1-5　冷却板

图 1-6　冷却水箱

（a）支梁式；（b）扁水箱

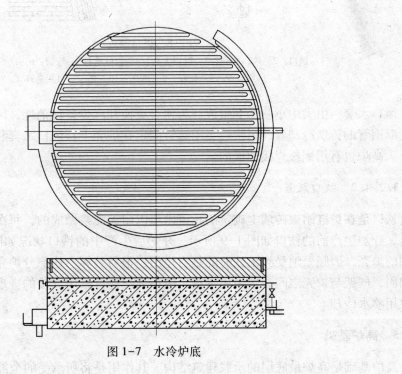

图 1-7　水冷炉底

1.2.4 风口与铁口装置

1.2.4.1 风口装置

热风先通过呈环状围绕着高炉的围管中，再经风口装置进入高炉，如图 1-8 所示。风口装置由热风围管以下的送风支管、弯管、直吹管、风口水套等组成。对它的要求是：接触严密不漏风，耐高温，隔热且热量损失少，耐用，拆卸方便，易于机械化。

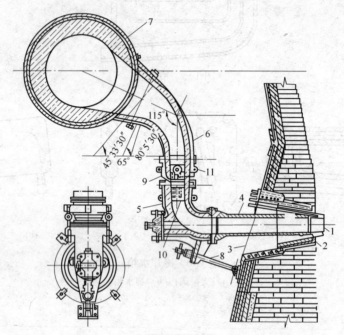

图 1-8 风口装置

1—风口；2—风口二套；3—风口大套；4—直吹管；5—弯管；6—鹅颈管；
7—热风围管；8—拉杆；9—吊环；10—销子；11—套环

风口水套，由大中小三个套组成。为便于更换和减少备件消耗，风口大套采用铸有蛇形无缝钢管的铸铁冷却器，由法兰盘用螺钉固定在炉壳上；风口二套和风口一般用青铜铸成，大高炉也有用铜板焊接而成的。

1.2.4.2 铁口装置

铁口是在炉缸耐火砖墙上砌筑的孔道内填以耐火泥浆做成的，每次出铁后要用堵口泥堵塞，开炉生产前的铁口如图 1-9 所示，开炉后生产中的铁口状况如图 1-10 所示。铁口周围的炉壳，因频繁地受到出铁时的热力作用，很易破坏。这部分炉壳用无冷却的铸钢框架加固，框架与炉壳之间一般采用铆接，中小高炉也有采用焊接的。现在国外高炉铁口炉皮也用喷水冷却。

1.2.5 高炉基础

高炉基础是高炉最底层的承载建筑结构。其作用是将所承受的全部荷重均匀地传给地

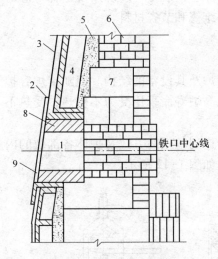

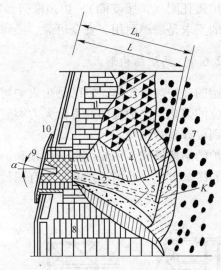

图 1-9　开炉生产前的铁口

1—铁口通道；2—铁口框架；3—炉壳；
4—冷却壁；5—填料；6—炉墙砖；
7—炉缸环砌炭砖；8—砖；9—保护板

图 1-10　开炉后生产中的铁口状况

1—残存的炉墙砌砖；2—铁口孔道；3—炉墙渣皮；4—旧堵泥；
5—出铁时泥包被渣、铁侵蚀的变化；6—新堵泥；7—炉缸焦炭；
8—残存的炉底砌砖；9—铁口泥套；10—铁口框架
L_n—铁口的全深；L—铁口深度；K—红点（硬壳）；α—铁口角度

层。高炉基础必须稳定，不允许发生较大的不均匀下沉，以免高炉与其周围设备相对位置发生大的变化，从而破坏它们之间的联系，并使之发生危险的变形。

　　高炉基础结构的一般形式如图 1-11 所示。它是由钢筋混凝土做成的一个整体，一部分露出地面，称为基墩；一部分埋入土中，称为基座。为了扩大炉基的底面积，基座放大成悬臂状。炉基的断面形状一般为多边形。为了使炉基稳定，基础埋入地下的深度必须超过地下水位和冰冻线。

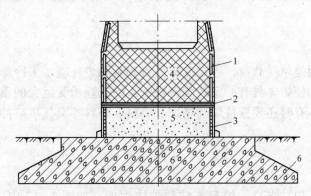

图 1-11　高炉基础

1—冷却壁；2—水冷管；3—耐火砖；4—炉底砖；5—耐热混凝土基墩；6—钢筋混凝土基座

1.2.6　高炉金属结构

　　高炉金属结构是指高炉本体的外部结构。在大中型高炉上采用钢结构的部位有炉壳、支柱、炉腰托圈（炉腰支圈）、炉顶框架、斜桥、各种管道、平台、过桥以及走梯等。对钢结构的要求是简单耐用、安全可靠、操作便利、容易维修和节省材料。

1.2.6.1 高炉结构形式

初始的高炉炉墙很厚，它既是耐火炉衬又是支持高炉及其设备的结构。但随着炉容扩大，冶炼的强化，高炉砌体的寿命大为缩短。为了延长高炉寿命采用受力不受热，受热不受力原则设计高炉结构。

高炉的结构形式，主要决定于炉顶和炉身的荷载传递到基座的方式及炉体各部位的内衬厚度和冷却方式。我国高炉基本上有四种结构形式，如图1-12所示。

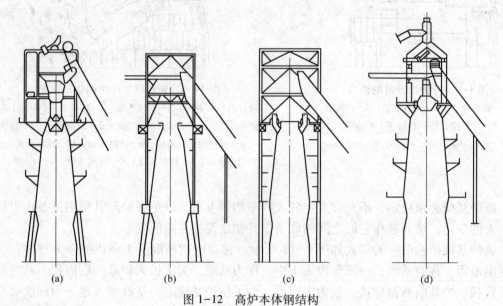

图1-12 高炉本体钢结构

（a）炉缸支柱式；（b）炉缸炉身支柱式；（c）炉体框架式；（d）自立式

1.2.6.2 炉壳

炉壳的主要作用是承受载荷，固定冷却设备和利用炉外喷水来冷却炉衬，以保证高炉衬体的整体坚固性和使炉体具有一定的气密程度。炉壳除承受巨大的重力外，还受热应力和内部的煤气压力，有时还要抵抗煤气爆炸、崩料、坐料等突然事故冲击，因此要求炉壳具有足够的强度。

1.2.6.3 支柱

支柱分为三种：炉缸支柱、炉身支柱和炉体框架，如图1-12中（a）、（b）、（c）所示。

1.2.6.4 炉顶框架

为了便于炉顶设备的检修和维护，在炉顶法兰水平面上设有炉顶平台。炉顶平台上有炉顶框架，用来支撑大小料钟的平衡杆，安装大梁和受料漏斗等。

任务 1.3 高炉附属系统及设备

1.3.1 高炉原料供应系统及设备

1.3.1.1 作用

在高炉生产中，料仓（又称矿槽）上下所设置的设备，是为高炉上料服务的。其所属的设备称为供料设备，包括储矿槽、筛分、运输、称量等一系列设备。其生产过程构成上料系统或供料系统，俗称为槽下系统。主要作用是保证及时、准确、稳定地将合格原料从储矿槽送上高炉炉顶。

1.3.1.2 高炉上料方式

目前高炉的上料方式主要有两种：中小型高炉一般采用料车上料，大型高炉采用皮带机上料。

1.3.1.3 高炉上料设备

A 储矿（焦）槽

a 作用

储矿（焦）槽是高炉上料系统的核心，其作用如下：

(1) 解决高炉连续上料和车间断续供料之间的矛盾；

(2) 起到原料储备的作用；

(3) 供料系统易实现机械化和自动化。

b 矿槽结构

矿槽结构有钢筋混凝土结构、钢-钢筋混凝土混合式结构、钢结构三种。

(1) 钢筋混凝土结构。矿槽的周壁和底壁都是用钢筋混凝土浇灌而成。

(2) 钢-钢筋混凝土混合式结构。储矿槽的周壁用钢筋混凝土浇灌，底壁、支柱和轨道梁用钢板焊成，投资较前一种高。

(3) 全钢结构的矿槽。主体由钢板焊成，固定在钢支柱上。

我国多采用钢筋混凝土结构。为了保护储矿槽内表面不被磨损，一般要在储矿槽内加衬板，储焦槽内衬以废耐火砖或一定厚度的辉绿岩铸石板。为了减轻储矿槽的质量，有的衬板采用耐磨橡胶板。在使用中矿槽内的炉料一般不放净，存留的炉料做自保护层，减缓矿槽的磨损。

B 闭锁装置

每个储矿槽下设有两个漏嘴，漏嘴上应装有闭锁装置，即闭锁器，其作用是开关漏嘴并调节料流。目前常用的闭锁装置有启闭器和给料机两种。

(1) 启闭器。借助炉料本身的重力进行的，常用形式有单扇形板式、双扇形板式、S形翻板式和溜嘴式四种，扇形板式多用于焦槽。

(2) 给料机。利用炉料自然堆角自锁的，关闭可靠。能均匀、稳定而连续地给料，从而也保证了称量精度。按结构形式分为链板式给料机、往复式给料机和电磁振动给料机三种。

C　振动筛

振动筛是用来筛去焦炭、烧结矿以及其他原材料中的细小颗粒物，有时还兼作给料器用。

振动筛的类型主要有辊筛、惯性振动筛、电磁振动筛。惯性振动筛又分为简单振动筛、自定中心振动筛以及双质体的共振筛。按筛板层数可分为单层、双层和多层。按安装方式可分为固定式和台车式。按用途可分为焦炭筛、烧结矿筛及其他原料筛。

D　运输设备

槽下运输设备有胶带运输机和称量车。由于胶带运输机设备简单、投资少、自动化程度高、生产能力大、可靠性强、劳动条件比较好，已取代称量车成为目前槽下运输的主要设备。

E　称量漏斗

称量漏斗的作用在于称量原料，使原料组成一定成分的料批。

焦炭称量漏斗用来接受经过筛分的合格焦炭，然后按照质量要求进行称量，再卸入上料胶带输送机。

矿石称量漏斗用来称量烧结矿、球团矿及生矿石，其安装部位有的在储矿槽下面，也有的在料坑里，称量后的炉料经过漏斗、闸门卸入胶带输送机。

按照称量传感原理不同，称量漏斗分为杠杆式称量漏斗和电子式称量漏斗两种。

（1）杠杆式称量漏斗主要由漏斗本体、称量机构、漏斗阀门启闭机构组成。杠杆式称量系统在刀刃口磨损后称量精度降低，而且杠杆系统比较复杂，整体尺寸较大，已逐步被电子式称量漏斗所取代。

（2）电子式称量漏斗由传感器、固定支座、称量漏斗本体及启闭阀门机构组成，具有体积小、质量轻、结构简单、拆卸方便等优点，不存在刀口处磨损等问题，因此精度较高，目前被国内外广泛采用。

F　料车坑

料车式高炉在储矿槽下面斜桥下端向料车供料的场所称为料车坑。一般布置在主焦槽的下方。

料车坑的大小与深度取决于其中所容纳的设备和操作维护的要求。小高炉比较简单，只要能容纳装料漏斗和上料小车就可以了，大型高炉则比较复杂。

料车坑中安装的设备有焦炭称量设备、矿石称量漏斗和碎焦运出设备。

G　料车式上料机

料车式上料机是由卷扬机通过钢绳驱动料车在斜桥上行走，将炉料送到炉顶的机构，如图 1-13 所示。一般高炉都采用两个互相平行的料车上料，一个上升，一个下降，彼此起着平衡作用。料车式上料机一般由三部分组成，包括料车、斜桥和卷扬机。

（1）料车。料车由车体、车轮、辕架三部分组成，如图 1-14 所示。一般每座高炉两个料车，互相平衡。

（2）斜桥。斜桥大都采用桁架结构，其倾角取决于铁路线路数目和平面布置形式，一般为 55°～65°。设两个支点，下端支撑在料车坑的墙壁上，上端支撑在从地面单设的门型架子上，顶端悬臂部分和高炉没有联系，其目的是使结构部分和操作部分分开。

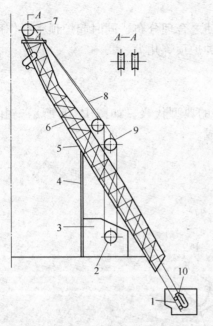

图 1-13　料车式上料机总体布置

1—料车坑；2—料车卷扬机；3—卷扬机室；4—支柱；
5—轨道；6—斜桥；7，9—绳轮；8—钢绳；10—料车

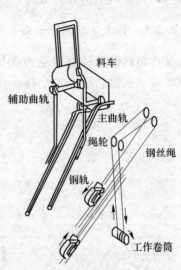

图 1-14　料车式上料机

（3）料车卷扬机。料车卷扬机是牵引料车在斜桥上行走的设备。在高炉设备中是仅次于鼓风机的关键设备。

H　带式上料机

近年来，由于高炉的大型化，料车式上料机已不能满足高炉生产需要。带式上料机由皮带、上下托辊、装料漏斗、头轮及尾轮、张紧装置、驱动装置、换带装置、料位监测装置以及皮带清扫除尘装置等组成。图 1-15 所示为高炉皮带上料机流程。

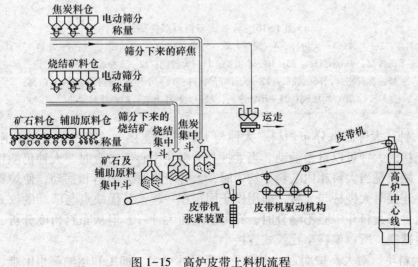

图 1-15　高炉皮带上料机流程

1.3.2 高炉炉顶装料设备

高炉炉顶装料系统是用来将炉料装入高炉并使之合理分布，同时起炉顶密封作用的设备。按照炉顶装料结构分为双钟式、钟阀式和无钟炉顶等几类。

1.3.2.1 钟式炉顶装料设备

马基式布料器双钟炉顶是钟式炉顶装料设备的典型代表，如图 1-16 所示。由大钟、大料斗、煤气封盖、小钟、小料斗和受料漏斗组成。

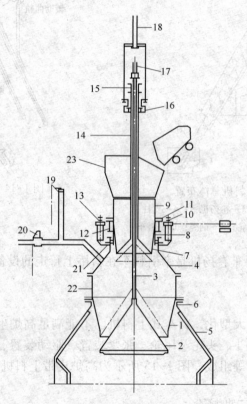

图 1-16 马基式布料器双钟炉顶

1—大料斗；2—大钟；3—大钟杆；4—煤气封罩；5—炉顶封板；6—炉顶法兰；7—小料斗下部内层；
8—小料斗下部外层；9—小料斗上部；10—小齿轮；11—大齿轮；12—支撑轮；13—定位轮；14—小钟杆；
15—钟杆密封；16—轴承；17—大钟杆吊挂件；18—小钟杆吊挂件；19—放散阀；
20—均压阀；21—小钟密封；22—大料斗上节；23—受料漏斗

（1）大钟。大钟用来分布炉料。大钟与大钟杆的连接方式有绞式连接和刚性连接两种。绞式连接的大钟可以自由活动。当大钟与大料斗中心不吻合时，大钟仍能将大料斗很好地关闭。缺点是当大料斗内装料不均匀时，大钟下降时会偏斜和摆动，使炉料分布更不均匀。刚性连接时大钟杆与大钟之间用楔子固定在一起，其优缺点与活动的绞式连接恰好相反，在大钟与大料斗中心不吻合时，有可能扭曲大钟杆，但从布料角度分析，大钟下降后不会产生摇摆，所以偏料率比绞式连接小。

（2）大料斗。对大高炉而言，大料斗由于尺寸很大，加工和运输都很困难，所以常将大料斗做成两节，如图 1-16 中的 1 和 22，这样当大料斗下部磨损时，可以只更换下部，上部继续使用。为了密封良好，与大钟接触的下节要整体铸成，斗壁倾角应大于 70°，壁应做得薄些，厚度不超过 55mm，而且不需要加强筋，这样，高压操作时，在大钟向上的巨大压力下，可以发挥大料斗的弹性作用，使两者紧密接触。

（3）煤气封罩。煤气封罩是封闭大小料钟之间的外壳。为了使料钟间的有效容积能满足最大料批进行同装的需要，其容积为料车有效容积的 5~6 倍，煤气封罩上设有两个均压阀管的出口和四个入孔，四个入孔中三个小的入孔为日常维修时的检视孔，一个大的椭圆形入孔用来在检修时，放进或取出半个小料钟。

（4）布料器。料车式高炉炉顶装料设备的最大缺点是炉料分布不均。通常采用将小料斗改成旋转布料器，或者在小料斗之上加旋转漏斗消除这种不均匀现象。

1）马基式旋转布料器。马基式旋转布料器由小钟、小料斗和小钟杆组成，上边设有受料漏斗，整个布料器由电机通过传动装置驱动旋转，由于旋转布料器的旋转，所以在小料斗和下部大料斗封盖之间需要密封。

这种布料器尽管应用广泛，但存在一定的缺点：一是布料仍然不均，这是由于双料车上料时，料车位置与斜桥中心线有一定夹角，因此堆尖位置受到影响；二是旋转漏斗与密封装置极易磨损，而更换、检修又较困难。为了解决上述问题，出现了快速旋转布料器。

2）快速旋转布料器。快速旋转布料器实现了旋转件不密封、密封件不旋转。它在受料漏斗与小料斗之间加一个旋转漏斗，当上料机向受料漏斗卸料时，炉料通过正在快速旋转的漏斗，使料在小料斗内均匀分布，消除堆尖。其结构如图 1-17（a）所示。

3）空转螺旋布料器。空转螺旋布料器与快速旋转布料器的构造基本相同，只是旋转漏斗的开口做成单嘴的，并且操作程序不同，如图 1-17（b）所示。

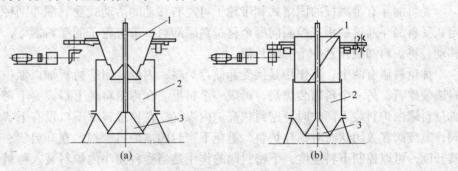

图 1-17　布料器结构示意

（a）快速旋转布料器；（b）空转螺旋布料器

1—旋转漏斗；2—小料斗；3—小钟

1.3.2.2　无钟炉顶装料装置

20 世纪 70 年代初，兴起了无钟炉顶，用一个旋转溜槽和两个密封料斗，代替了原来庞大的大小钟等一整套装置。

A　结构

无钟炉顶装料设备根据受料漏斗和称量料罐的布置情况可划分为并罐式和串罐式两种。

（1）并罐式无钟炉顶。并罐式无钟炉顶的结构如图1-18所示。主要由受料漏斗、称量料罐、中心喉管、气密箱、旋转溜槽五部分组成。

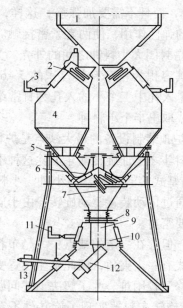

图1-18　并罐式无钟炉顶装置示意

1—移动受料漏斗；2—上密封阀；3—均压放散系统；4—称量料罐；
5—料罐称量装置；6—节流阀；7—下密封阀；8—眼镜阀；9—中心喉管；
10—气密箱传动装置；11—气密箱冷却系统；12—旋转溜槽；13—溜槽更换装置

受料漏斗有带翻板的固定式和带轮子可左右移动的活动式受料漏斗两种。带翻板的固定式受料漏斗通过翻板来控制向哪个称量料罐卸料。带有轮子的受料漏斗，可沿滑轨左右移动，将炉料卸到任意一个称量料罐。

称量料罐有两个，其作用是接受和储存炉料，内壁有耐磨衬板加以保护。一般是一个料罐装矿石，另一个料罐装焦炭，形成一个料批。在称量料罐上口设有上密封阀，可以在称量料罐内炉料装入高炉时，密封住高炉内煤气。在称量料罐下口设有下节流阀和下密封阀，节流阀在关闭状态时锁住炉料，避免下密封阀被炉料磨损，在开启状态时，通过调节其开度，可以控制下料速度，下密封阀的作用是当受料漏斗内炉料装入称量料罐时，密封住高炉内煤气。

中心喉管上面设有一叉型管和两个称量料罐相连，为了防止炉料磨损内壁，在叉型管和中心喉管连接处，焊上一定高度的挡板，用死料层保护衬板，并避免中心喉管磨偏，但是挡板不宜过高，否则会引起卡料。

旋转溜槽为半圆形的槽子，旋转溜槽本体由耐热钢铸成，上衬有鱼鳞状衬板。鱼鳞状衬板上堆焊一定厚度的耐热耐磨合金材料。旋转溜槽可以完成两个动作，一是绕高炉中心线的旋转运动，二是在垂直平面内可以改变溜槽的倾角，其传动机构在气密箱内。

（2）串罐式无钟炉顶。串罐式无钟炉顶也称中心排料式无钟炉顶，结构如图1-19所示。

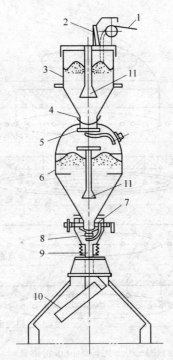

图 1-19　串罐式无钟炉顶装置示意

1—上料皮带机；2—挡板；3—受料漏斗；4—上闸阀；5—上密封阀；6—称量料罐；
7—下节流阀；8—下密封阀；9—中心喉管；10—旋转溜槽；11—中心导料器

与并罐式无钟炉顶相比，串罐式无钟炉顶有一些重大的改进：

1）密封阀由原先单独的旋转动作改为倾动和旋转两个动作，最大限度地降低了整个串罐式炉顶设备的高度，并使得密封动作更加合理。

2）采用密封阀阀座加热技术，延长了密封圈的寿命。

3）在称量料罐内设置中心导料器，使得料罐在排料时形成质量料流，改善了料罐排料时的料流偏流现象。

4）改进受料漏斗旋转方案，以避免皮带上料系统向受料漏斗加料时由于落料点固定所造成的炉料偏流。

B　无钟炉顶的布料方式

无钟炉顶的旋转溜槽可以实现多种布料方式，常用四种基本的布料方式如图 1-20 所示。

（1）环形布料。倾角固定的旋转布料称为环形布料。这种布料方式与料钟布料相似，改变旋转溜槽的倾角相当于改变料钟直径。由于旋转溜槽的倾角可任意调节，所以可在炉喉的任一半径做单环、双环和多环布料，将焦炭和矿石布在不同半径上以调整煤气分布。

（2）螺旋形布料。倾角变化的旋转布料称为螺旋形布料。布料时溜槽做等速的旋转运动，每转一圈跳变一个倾角，这种布料方法能把炉料布到炉喉截面任一部位，并且可以根据生产要求调整料层厚度，也能获得较平坦的料面。

（3）定点布料。方位角固定的布料形式称为定点布料。当炉内某部位发生"管道"或"过吹"时，需用定点布料。

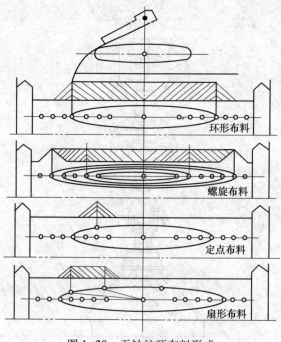

环形布料

螺旋布料

定点布料

扇形布料

图 1-20　无钟炉顶布料形式

（4）扇形布料。方位角在规定范围内反复变化的布料形式称为扇形布料。当炉内产生偏析或局部崩料时，采用该布料方式。布料时旋转溜槽在指定的弧段内慢速来回摆动。

1.3.2.3　探料装置

探料装置的作用是准确探测料面下降情况，以便及时上料。既可防止料满时开大钟顶弯钟杆，又可防止低料线操作时炉顶温度过高，烧坏炉顶设备。目前使用最广泛的是机械传动的探料尺、微波式料面计和激光式料面计。

（1）探料尺。一般小型高炉常使用长 3～4m、直径 25mm 的圆钢，自大料斗法兰处专设的探尺孔插入炉内，每个探尺用钢绳与手动卷扬机的卷筒相连，在卷扬机附近还装有料线的指针和标尺，为避免探尺陷入料中，在圆钢的端部安装一根横棒。

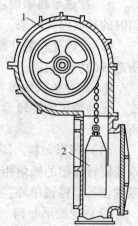

中型和高压操作的高炉多采用自动化的链条式探尺，它在链条下端挂重锤的挠性探尺，如图 1-21 所示。探料尺的零点是大钟开启位置的下缘，探尺从大料斗外侧炉头内侧伸入炉内，重锤中心距炉墙不应小于 300mm，重锤的升降借助于密封箱内的卷筒传动。在箱外的链轴上，安设一钢绳卷筒，钢绳与探尺卷扬机卷筒相连。探尺卷扬机放在料车卷扬机室内，料线高低自动显示与记录。

每座高炉设有两个探料尺，互成 180°，设置在大钟边缘和炉喉内壁之间，并且能够提升到大钟关闭位置以上，以免被炉料打坏。

图 1-21　链条探料尺
1—链条的卷筒；2—重锤

（2）微波式料面计。微波料面计也称微波雷达，分调幅和调频两种。调幅式微波料面计是根据发射信号与接收信号的相位差来决定料面的位置，调频式微波料面计是根据发射信号与接收信号的频率差来测定料面的位置。

微波料面计由机械本体、微波雷达、驱动装置、电控单元和数据处理系统等组成。微波雷达的波导管、发射天线、接收天线均装在水冷探测枪内，并用氮气吹扫。其测量原理如图 1-22 所示。

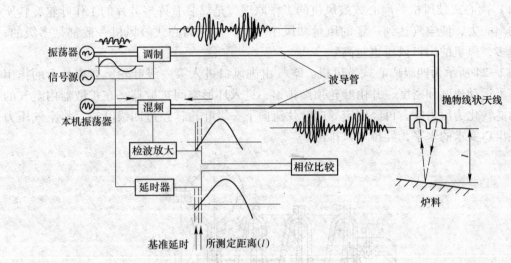

图 1-22　微波料面计的测量原理

（3）激光料面计。激光料面计利用光学三角法测量原理设计，如图 1-23 所示。它由方向角可调的旋转光束扫描器向料面投射氩气激光，在另一侧用摄像机测量料面发光处的光学图像得到各光点的二维坐标，再根据光线断面的水平方位角和摄像机的几何位置，进行坐标变换等处理，找出该点的三维坐标，并在显示器上显示整个料面形状。

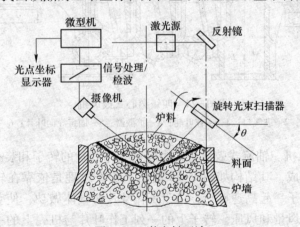

图 1-23　激光料面计

1.3.3　送风系统及设备

高炉送风系统包括鼓风机、冷风管路、热风炉、热风管路以及管路上的各种阀门等。

1.3.3.1　高炉鼓风机

高炉鼓风机不仅用来提供燃料燃烧所必需的氧气，而且热空气和焦炭在风口燃烧所生成的煤气在鼓风机提供的风压下克服料柱阻力从炉顶顺利排出。常用的高炉鼓风机有离心式和轴流式两种。

（1）离心式鼓风机。离心式鼓风机的工作原理，是靠装有许多叶片的工作叶轮旋转所产生的离心力，使空气达到一定的风量和风压。高炉用的离心式鼓风机一般都是多级的，级数越多，风机的出口风压也越高。

图 1-24 所示为四级离心式鼓风机。空气由进风口进入第一级叶轮，在离心力的作用下提高了运动速度和密度，并由叶轮顶端排出，进入环形空间扩散器，在扩散器内空气的部分动能转化为压力能，再经固定导向叶片流向下一级叶轮，经过四级叶轮，将空气压力提高到出口要求的水平，经排气口排出。

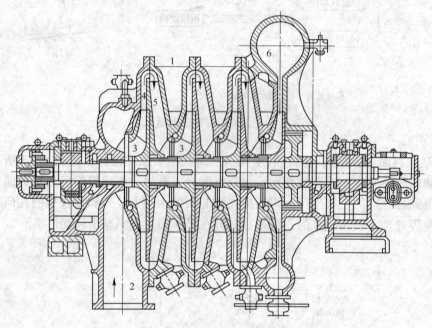

图 1-24　四级离心式鼓风机
1—机壳；2—进气口；3—工作叶轮；4—扩散器；5—固定导向叶片；6—排气口

（2）轴流式鼓风机。轴流式鼓风机是由装有工作叶片的转子和装有导流叶片的定子以及吸气口、排气口组成，其结构如图 1-25 所示。工作原理是依靠在转子上装有扭转一定角度的工作叶片随转子一起高速旋转，由于工作叶片对气体做功，使获得能量的气体沿轴向流动，达到一定的风量和风压。转子上的一列工作叶片与机壳上的一列导流叶片构成轴流式鼓风机的一个级。级数越多，空气的压缩比越大，出口风压也越高。

1.3.3.2　热风炉

热风炉实质上是一个热交换器。现代高炉普遍采用蓄热式热风炉。由于燃烧和送风交替进行，为保证向高炉连续供风，通常每座高炉配置三座或四座热风炉。根据燃烧室和蓄

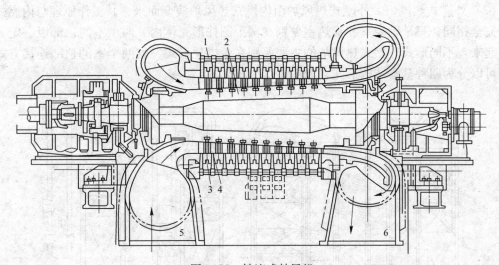

图 1-25　轴流式鼓风机

1—机壳；2—转子；3—工作叶片；4—导流叶片；5—吸气口；6—排气口

热室布置形式的不同，热风炉分为内燃式热风炉、外燃式热风炉和顶燃式热风炉三种。

（1）传统型内燃式热风炉。传统型内燃式热风炉基本结构如图 1-26 所示。它由炉衬、燃烧室、蓄热室、炉壳、炉算子、支柱、管道及阀门等组成。燃烧室和蓄热室砌在同一炉壳内，之间用隔墙隔开。煤气和空气由管道经阀门送入燃烧器并在燃烧室内燃烧，燃烧的热烟气向上运动经过拱顶时改变方向，再向下穿过蓄热室，然后进入大烟道，经烟囱排入大气。在热烟气穿过蓄热室时，将蓄热室内的格子砖加热。格子砖被加热并蓄存一定热量后，热风炉停止燃烧，转入送风。送风时冷风从下部冷风管道经冷风阀进入蓄热室，空气通过格子砖时被加热，经拱顶进入燃烧室，再经热风出口、热风阀、热风总管送至高炉。

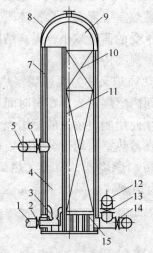

图 1-26　内燃式热风炉结构

1—煤气管道；2—煤气阀；3—燃烧器；4—燃烧室；5—热风管道；6—热风阀；7—大墙；8—炉壳；9—拱顶；
10—蓄热室；11—隔墙；12—冷风管道；13—冷风阀；14—烟道阀；15—炉算子和支柱

（2）外燃式热风炉。外燃式热风炉由内燃式热风炉演变而来，其工作原理与内燃式热风炉完全相同，只是燃烧室和蓄热室分别在两个圆柱形壳体内，两个室的顶部以一定方式连接起来。不同形式外燃式热风炉的主要差别在于拱顶形式，就两个室的顶部连接方式的不同可以分为四种基本结构形式，如图1-27所示。

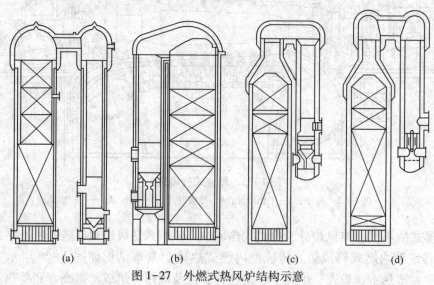

图1-27 外燃式热风炉结构示意

（a）考贝式；（b）地得式；（c）马琴式；（d）新日铁式

考贝式外燃热风炉的拱顶由圆柱形通道连成一体。地得式外燃热风炉拱顶由两个直径不等的球形拱构成，并用锥形结构相互连通。马琴式外燃热风炉蓄热室的上端有一段倒锥形，锥体上部接一段直筒部分，直径与燃烧室直径相同，两室用水平通道连接起来。地得式外燃热风炉拱顶造价高，砌筑施工复杂，而且需用多种形式的耐火砖，所以新建的外燃热风炉多采用考贝式和马琴式。新日铁式外燃热风炉是在考贝式和马琴式外燃热风炉的基础上发展而成的，主要特点是：蓄热室上部有一个锥体段，使蓄热室拱顶直径缩小到和燃烧室直径相同，拱顶下部耐火砖承受的荷重减小，提高结构的稳定性；对称的拱顶结构有利于烟气在蓄热室中的均匀分布，提高传热效率。

（3）顶燃式热风炉。顶燃式热风炉又称为无燃烧室热风炉，其结构如图1-28（a）所示。它是将煤气直接引入拱顶空间内燃烧。为了在短时间和有限的空间内，保证煤气和空气很好地混合并完全燃烧，就必须使用能力很大的短焰烧嘴或无焰烧嘴，而且烧嘴的数量和分布形式应满足燃烧后的烟气在蓄热室内均匀分布的要求。

首钢顶燃式热风炉采用四个短焰燃烧器，装设在热风炉拱顶上，燃烧火焰成涡流状态，进入蓄热室。图1-28（b）为顶燃式热风炉平面布置图，四座热风炉呈方块形布置，布置紧凑，占地面积小；而且热风总管较短，可提高热风温度20~30℃。

1.3.4 高炉喷煤系统及设备

1.3.4.1 高炉喷煤系统工艺流程

高炉喷煤系统主要由原煤储运、煤粉制备、煤粉喷吹、热烟气和供气等几部分组成，其工艺流程如图 1-29 所示。

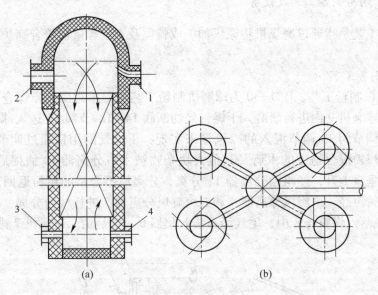

图 1-28　顶燃式热风炉

（a）结构示意图；（b）平面布置图

1—燃烧器；2—热风出口；3—烟气出口；4—冷风入口

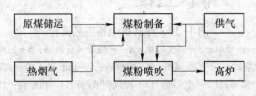

图 1-29　高炉喷煤系统工艺流程

（1）原煤储运系统。原煤用汽车或火车运至原煤场进行堆放、储存、破碎、筛分及去除其中金属杂物等，同时将过湿的原煤进行自然干燥。然后用皮带机将原煤送入煤粉制备系统的原煤仓内。

（2）煤粉制备系统。将原煤经过磨碎和干燥制成煤粉，再将煤粉从干燥气中分离出来存入煤粉仓内。

（3）煤粉喷吹系统。在喷吹罐组内充以氮气，再用压缩空气将煤粉经输送管道和喷枪喷入高炉风口。根据现场情况，喷吹罐组可布置在制粉系统的煤粉仓下面，直接将煤粉喷入高炉；也可布置在高炉附近，用设在制粉系统煤粉仓下面的仓式泵，将煤粉输送到高炉附近的喷吹罐组内。

（4）热烟气系统。将高炉煤气在燃烧炉内燃烧生成的热烟气送入制粉系统，用来干燥煤粉。为了降低干燥气中含氧量，现多采用热风炉烟道废气与燃烧炉热烟气的混合气体作为制粉系统的干燥气。

（5）供气系统。供给整个喷煤系统的压缩空气、氮气、氧气及少量的蒸汽。压缩空气用于输送煤粉，氮气用于烟煤制备和喷吹系统的气氛惰化，蒸汽用于设备保温。

1.3.4.2　煤粉制备工艺及设备

煤粉制备工艺是指通过磨煤机将原煤加工成粒度及水分含量均符合高炉喷煤要求的煤粉的工艺过程。

A　煤粉制备工艺

(1) 球磨机制粉工艺。图 1-30 为球磨机制粉工艺流程示意图。原煤仓 1 中的原煤由给煤机 2 送入球磨机 9 内进行研磨。干燥气经切断阀 14 和调节阀 15 送入球磨机，干燥气温度通过冷风调节阀 13 调节混入的冷风量来实现，干燥气的用量通过调节阀 15 进行调节。干燥气和煤粉混合物中的木屑及其他大块杂物被木屑分离器 10 捕捉后由人工清理。煤粉随干燥气垂直上升，经粗粉分离器 11 分离，分离后不合格的粗粉返回球磨机再次碾磨，合格的细粉再经一级旋风分离器 4 和二级旋风分离器 5 进行气粉分离，分离出来的煤粉经锁气器 13 落入煤粉仓 8 中，尾气经布袋收集器 6 过滤后由二次风机 7 排入大气。

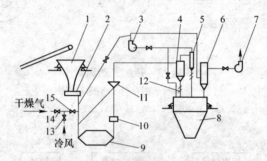

图 1-30　球磨机制粉工艺流程

1—原煤仓；2—给煤机；3—一次风机；4—一级旋风分离器；5—二级旋风分离器；
6—布袋收集器；7—二次风机；8—煤粉仓；9—球磨机；10—木屑分离器；
11—粗粉分离器；12—锁气器；13—冷风调节阀；14—切断阀；15—调节阀

(2) 中速磨制粉工艺。中速磨制粉工艺如图 1-31 所示。原煤仓中的原煤经给料机送入中速磨中进行碾磨，干燥气用于干燥中速磨内的原煤，冷风用于调节干燥气的温度。中速磨煤机本身带有粗粉分离器，从中速磨出来的气粉混合物直接进入布袋收集器，被捕捉的煤粉落入煤粉仓，尾气经排风机排入大气。中速磨不能磨碎的粗硬煤粒从主机下部的清渣孔排出。

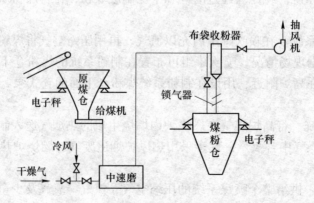

图 1-31　中速磨制粉工艺流程

　　B　煤粉制备主要设备

（1）磨煤机。根据磨煤机的转速可以分为低速磨煤机和中速磨煤机。低速磨煤机又称钢球磨煤机或球磨机，筒体转速为 16~25r/min。中速磨煤机有平盘型、碗形、MPS 型三种，转速为 50~300r/min，中速磨优于钢球磨，在出粉均匀性等主要指标方面也优于高速磨，因此是目前新建制粉系统广泛采用的磨煤机。

　　1）球磨机。球磨机是 20 世纪 80 年代建设的制粉系统广泛采用的磨煤机，其结构如图 1-32 所示。

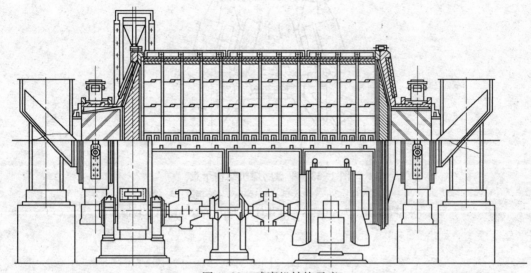

图 1-32　球磨机结构示意

　　球磨机主体是一个大圆筒筒体，筒内镶有波纹形锰钢钢瓦，钢瓦与筒体间夹有隔热石棉板，筒外包有隔音毛毡，毛毡外面是用薄钢板制作的外壳。筒体两头的端盖上装有空心轴，它由轴瓦支承。空心轴与进、出口短管相接，内壁有螺旋槽，螺旋槽能使空心轴内的钢球或煤块返回筒内。

　　2）中速磨煤机。中速磨煤机是目前新建制粉系统广泛采用的磨煤机，主要有以下几种结构形式。

　　①平盘磨煤机。图 1-33 为平盘磨煤机的结构示意图，转盘和辊子是平盘磨的主要部件。电动机通过减速器带动转盘旋转，转盘带动辊子转动，煤在转盘和辊子之间被研磨，它是依靠碾压作用进行磨煤的。碾压煤的压力包括辊子的自重和弹簧拉紧力。

　　原煤由落煤管送到转盘的中部，依靠转盘转动产生的离心力使煤连续不断地向转盘边缘移动，煤在通过辊子下面时被碾碎。转盘边缘上装有一圈挡环，可防止煤从转盘上直接滑落出去，挡环还能保持转盘上有一定厚度的煤层，提高磨煤效率。

　　②碗式磨煤机。磨煤机由辊子和碗形磨盘组成，故称碗式磨煤机，沿钢碗圆周布置三个辊子。钢碗由电机经蜗轮蜗杆减速装置驱动，做圆周运动。弹簧压力压在辊子上，原煤在辊子与钢碗壁之间被磨碎，煤粉从钢碗边溢出后即被干燥气带入上部的煤粉分离器，合格煤粉被带出磨煤机，粒度较粗的煤粉再次落入碾磨区进行碾磨，原煤在被碾磨的同时被干燥气干燥。难以磨碎的异物落入磨煤机底部，由随同钢碗一起旋转的刮板扫至杂物排放口，并定时排出磨煤机体外。碗式磨煤机结构如图 1-34 所示。

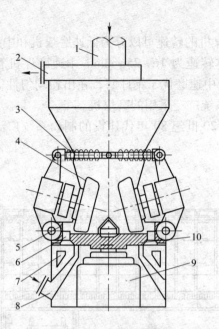

图 1-33　平盘磨煤机结构示意

1—原煤入口；2—气粉入口；3—弹簧；4—辊子；5—挡环；
6—干燥通道；7—气室；8—干燥气入口；9—减速箱；10—转盘

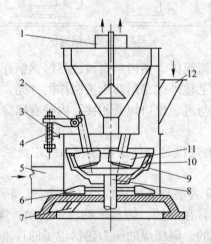

图 1-34　碗式磨煤机结构示意

1—气粉出口；2—耳轴；3—调整螺丝；4—弹簧；5—干燥气入口；6—刮板；
7—杂物排放口；8—转动轴；9—钢碗；10—衬圈；11—辊子；12—原煤入口

　　③MPS 型磨煤机。MPS 型辊式磨煤机结构如图 1-35 所示。该机属于辊与环结构，它配置三个大磨辊，磨辊的位置固定，互成 120°角，与垂直线的倾角为 12°~15°，在主动旋转着的磨盘上随着转动，在转动时还有一定程度的摆动。磨碎煤粉的碾磨力可以通过液压弹簧系统调节。原煤的磨碎和干燥借助干燥气的流动来完成的，干燥气通过喷嘴环以 70~90m/s 的速度进入磨盘周围，用于干燥原煤，并且提供将煤粉输送到粗粉分离器的能量。

合格的细颗粒煤粉经过粗粉分离器被送出磨煤机，粗颗粒煤粉则再次跌落到磨盘上重新碾磨。原煤中较大颗粒的杂质可通过喷嘴口落到机壳底座上经刮板机构刮落到排渣箱中。煤粉粒度可以通过粗粉分离器挡板的开度进行调节，煤粉越细，能耗越高。在低负荷运行时，同样的煤粉粒度，能耗会提高。

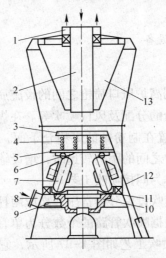

图 1-35　MPS 型辊式磨煤机

1—气粉出口；2—原煤入口；3—压紧环；4—弹簧；5—压环；6—辊子；7—磨辊；
8—干燥气入口；9—刮板；10—磨盘；11—磨环；12—拉紧钢丝绳；13—粗粉分离器

（2）给煤机。给煤机位于原煤仓下面，用于向磨煤机提供原煤。目前新建的高炉制粉系统多采用埋刮板给煤机，如图 1-36 所示。此种给煤机便于密封，可多点受料和多点出料，并能调节刮板运行速度和输料厚度，能够发送断煤信号。

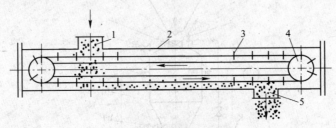

图 1-36　埋刮板给煤机

1—进料口；2—壳体；3—刮板；4—星轮；5—出料口

（3）粗粉分离器。由于干燥气和煤粉颗粒相互碰撞，使得从磨煤机中带出的煤粉粒度粗细混杂。为避免煤粉过粗，在低速磨煤机的后面通常设置粗粉分离器，其作用是把过粗的煤粉分离出来，再返回球磨机重新磨制。

（4）布袋收粉器。新建煤粉制备系统一般采用 PPCS 气箱式脉冲布袋收粉器一次收粉，简化了制粉系统工艺流程。PPCS 气箱式脉冲布袋收粉器由灰斗、排灰装置、脉冲清灰系统等组成。箱体由多个室组成，每个室配有两个脉冲阀和一个带气缸的提升阀。进气口与灰斗相通，出风口通过提升阀与清洁气体室相通，脉冲阀通过管道与储气罐相连，外侧装有电加热器、温度计、料位控制器等，在箱体后面每个室都装有一个防爆门。

（5）排粉风机。排粉风机是制粉系统的主要设备，它是整个制粉系统中气固两相流动的动力来源，工作原理与普通离心通风机相同。排粉风机的风叶成弧形，若以弧形叶片来判断风机旋转方向是否正确，则排粉机的旋转方向应当与普通离心风机的旋转方向相反。

（6）锁气器。锁气器是一种只能让煤粉通过而不允许气体通过的设备。常用的锁气器有锥式和斜板式两种。

1.3.4.3　煤粉喷吹工艺及设备

A　煤粉喷吹工艺

从制粉系统的煤粉仓后面到高炉风口喷枪之间的设施属于喷吹系统，主要包括煤粉输送、煤粉收集、煤粉喷吹、煤粉的分配及风口喷吹等。在煤粉制备站与高炉之间距离小于300m 的情况下，把喷吹设施布置在制粉站的煤粉仓下面，不设输粉设施，这种工艺称为直接喷吹工艺；在制粉站与高炉之间的距离较远时，增设输粉设施，将煤粉由制粉站的煤粉仓输送到喷吹站，这种工艺称为间接喷吹工艺。

根据煤粉容器受压情况将喷吹设施分为常压和高压两种；根据喷吹系统的布置可分为串罐喷吹和并罐喷吹两大类；根据喷吹管路的个数分为单管路喷吹和多管路喷吹。

（1）串罐喷吹工艺。串罐喷吹工艺如图 1-37 所示，它是将三个罐重叠布置的，从上到下三个罐依次为煤粉仓、中间罐和喷吹罐。打开上钟阀 6，煤粉由煤粉仓 3 落入中间罐

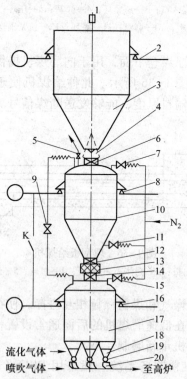

图 1-37　串罐喷吹工艺

1—塞头阀；2—煤粉仓电子秤；3—煤粉仓；4—软连接；5—放散阀；6—上钟阀；7—中间罐充压阀；
8—中间罐电子秤；9—均压阀；10—中间罐；11—中间罐流化阀；12—中钟阀；13—软连接；14—下钟阀；
15—喷吹罐充压阀；16—喷吹罐电子秤；17—喷吹罐；18—流化器；19—给煤球阀；20—混合器

10 内，装满煤粉后关上钟阀。当喷吹罐 17 内煤粉下降到低料位时，中间罐开始充气，使压力与喷吹罐压力相等，依次打开均压阀 9、下钟阀 14 和中钟阀 12。待中间罐煤粉放空时，依次关闭中钟阀 12、下钟阀 14 和均压阀 9，开启放散阀 5 直到中间罐压力为零。串罐喷吹系统的喷吹罐能连续运行，喷吹稳定，设备利用率高，厂房占地面积小。

（2）并罐喷吹工艺。并罐喷吹工艺如图 1-38 所示，两个或多个喷吹罐并列布置，一个喷吹罐喷煤时，另一个喷吹罐装煤和充压，喷吹罐轮流喷吹煤粉。并罐喷吹工艺简单，设备少，厂房低，建设投资少，计量方便，常用于单管路喷吹。

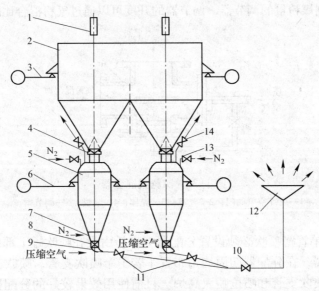

图 1-38　并罐喷吹工艺

1—塞头阀；2—粉仓；3—粉仓秤；4—软连接；5—喷吹罐；6—喷吹罐秤；7—流化器；
8—下煤阀；9—混合器；10—安全阀；11—切断阀；12—分配器；13—充压阀；14—放散阀

（3）单管路喷吹工艺。喷吹罐下只设一条喷吹管路的喷吹形式称为单管路喷吹。单管路喷吹必须与多头分配器配合使用。各风口喷煤量的均匀程度取决于多头分配器的结构形式和支管补气调节的可靠性。

单管路喷吹工艺具有如下优点：工艺简单、设备少、投资低、维修量小、操作方便以及容易实现自动计量；由于混合器较大，输粉管道粗，不易堵塞；在个别喷枪停用时，不会导致喷吹罐内产生死角，能保持下料顺畅，并且容易调节喷吹速率；在喷煤总管上安装自动切断阀，以确保喷煤系统安全。

在喷吹高挥发分的烟煤时，采用单管路喷吹，可以较好地解决由于死角处的煤粉自燃和因回火而引起爆炸的可能性。因此，目前有将多管路喷吹改为单管路喷吹的趋势。

（4）多管路喷吹。从喷吹罐引出多条喷吹管，每条喷吹管连接一支喷枪的形式称为多管路喷吹。下出料喷吹罐的下部设有与喷吹管数目相同的混合器，采用可调式混合器可调节各喷吹支管的输煤量，以减少各风口间喷煤量的偏差。上出料式喷吹罐设有一个水平安装的环形沸腾板即流态化板，其下面为气室，喷吹支管是沿罐体四周均匀分布的，喷吹支管的起始段与沸腾板面垂直，喷吹管管口与沸腾板板面的距离为 20~50mm，调节管口与板面的距离能改变各喷枪的喷煤量，但改变此距离的机构较复杂，因此，一般都采用改变支管补气量的方法来减少各风口间喷煤量的偏差。

B　煤粉喷吹主要设备

（1）混合器。混合器是将压缩空气与煤粉混合并使煤粉启动的设备，由壳体和喷嘴组成。目前使用较多的是沸腾式混合器，其结构如图 1-39 所示。混合器的工作原理是利用从喷嘴喷射出的高速气流所产生的相对负压将煤粉吸附、混匀和启动的。喷嘴周围产生负压的大小与喷嘴直径、气流速度以及喷嘴在壳体中的位置有关。其壳体底部设有气室，气室上面为沸腾板，通过沸腾板的压缩空气能提高气、粉混合效果，增大煤粉的启动动能。有的混合器上端设有可以控制煤粉量的调节器，调节器的开度可以通过气粉混合比的大小自动调节。

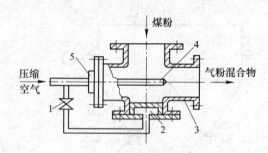

图 1-39　沸腾式混合器
1—压缩空气阀门；2—气室；3—壳体；4—喷嘴；5—调节帽

（2）分配器。单管路喷吹必须设置分配器。煤粉由设在喷吹罐下部的混合器供给，经喷吹总管送入分配器，在分配器四周均匀布置了若干个喷吹支管，喷吹支管数目与高炉风口数相同，煤粉经喷吹支管和喷枪喷入高炉。目前使用效果较好的分配器有瓶式、盘式和锥形分配器等几种，如图 1-40 所示。

（3）喷煤枪。喷煤枪是高炉喷煤系统的重要设备之一，由耐热无缝钢管制成，根据喷枪插入方式可分为三种形式，如图 1-41 所示。

斜插式从直吹管插入，喷枪中心与风口中心线有一夹角，一般为 12°～14°。斜插式喷枪的操作较为方便，直接受热段较短，不易变形，但是煤粉流冲刷直吹管壁。

直插式喷枪从窥视孔插入，喷枪中心与直吹管的中心线平行，喷吹的煤粉流不易冲刷风口，但是妨碍高炉操作者观察风口，并且喷枪受热段较长，喷枪容易变形。

风口固定式喷枪由风口小套水冷腔插入，无直接受热段，停喷时不需拔枪，操作方便，但是制造复杂，成品率低，并且不能调节喷枪伸入长度。

（4）氧煤枪。氧煤枪的作用是将氧气由风口及直吹管之间加入，它可以将有限的氧气用到最需要的地方。图 1-42 为氧煤枪的结构图。

氧煤枪枪身由两支耐热钢管相套而成，内管吹煤粉，内、外管之间的环形空间吹氧气。枪嘴的中心孔与内管相通，中心孔周围有数个小孔，氧气从小孔以接近音速的速度喷出。图中 a、b、c 三种结构不同，氧气喷出的形式也不一样。a 为螺旋形，它能迫使氧气在煤股四周做旋转运动，以达到氧煤迅速混合燃烧的目的；b 为向心形，它能将氧气喷向中心，氧煤的交点可根据需要预先设定，其目的是控制煤粉开始燃烧的位置，以防止过早燃烧而损坏枪嘴或风口结渣现象的出现；c 为退后形，当枪头前端受阻时，该喷枪可防止氧气回灌到煤粉管内，以达到保护喷枪和安全喷吹的目的。

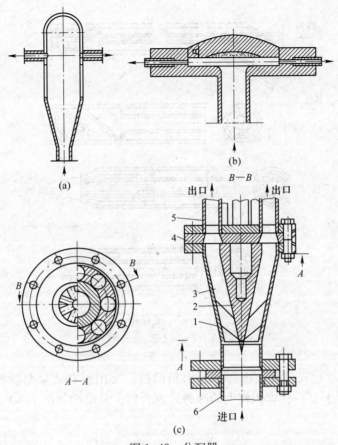

图 1-40　分配器

（a）瓶式；（b）盘式；（c）锥形

1—分配器外壳；2—中央锥体；3—煤粉分配刀；4—中间法兰；5—喷煤支管；6—喷煤主管

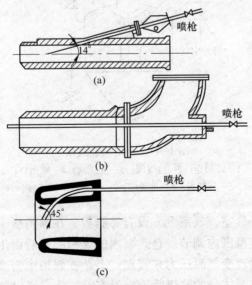

图 1-41　喷煤枪

（a）斜插式；（b）直插式；（c）风口固定式

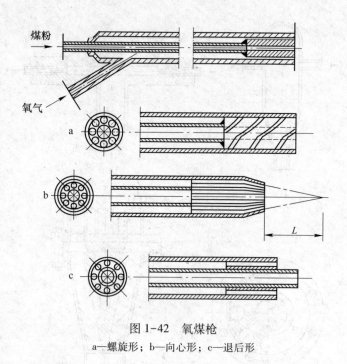

图 1-42　氧煤枪

a—螺旋形；b—向心形；c—退后形

（5）仓式泵。仓式泵有下出料和上出料两种，下出料仓式泵与喷吹罐的结构相同，上出料仓式泵实际上是一台容积较大的沸腾式混合器，其结构如图 1-43 所示。

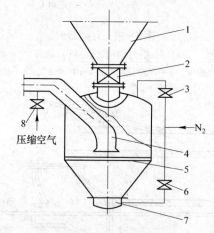

图 1-43　上出料仓式泵

1—煤粉仓；2—给煤阀；3—充压阀；4—喷出口；
5—沸腾板；6—沸腾阀；7—气室；8—补气阀

仓式泵仓体下部有一气室，气室上方设有沸腾板，在沸腾板上方出料口呈喇叭状，与沸腾板的距离可以在一定范围内调节。仓式泵内的煤粉沸腾后由出料口送入输粉管。输粉速度和粉气混合比可通过改变气源压力来实现。夹杂在煤粉中密度较大的粗粒物因不能送走而残留在沸腾板上。在泵体外的输煤管始端设有补气管，通过该管的压缩空气能提高煤粉的动能。

1.3.4.4　热烟气系统

A　热烟气系统工艺流程

热烟气系统由燃烧炉、风机和烟气管道组成，它给制粉系统提供热烟气，用于干燥煤粉，其工艺流程如图 1-44 所示。燃料一般用高炉煤气，高炉煤气通过烧嘴送入燃烧炉内，燃烧后产生的烟气从烟囱排出，当制粉系统生产时关闭烟囱阀，则燃烧炉内的热烟气被吸出，在烟气管道上兑入一定数量的冷风或热风炉烟道废气作为干燥气送入磨煤机。

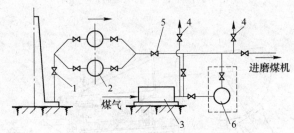

图 1-44　热烟气系统工艺流程
1—调节阀；2—引风机；3—燃烧炉；4—烟囱阀；5—切断阀；6—烟气引风机

当燃烧炉距制粉系统较远时，为解决磨煤机入口处吸力不足的问题，在燃烧炉出口处设一台烟气引风机（图中虚线所示）。在磨制高挥发分烟煤时，为控制制粉系统内氧气含量，要减少冷风兑入量或不兑冷风，而使用热风炉烟道废气进行调温，热风炉烟道废气由引风机 2 抽出，通过切断阀 5 与燃烧炉产生的烟气混合。若热风炉的废气量充足，且其温度又能满足磨煤机的要求，也可取消燃烧炉，以简化工艺流程。但实际生产中由于热风炉废气温度波动较大，因此，一般都保留了燃烧炉。

B　热烟气系统主要设备

（1）燃烧炉。燃烧炉由炉体、烧嘴、进风门、送风阀、混风阀、烟囱及助燃风机组成。炉膛内不砌蓄热砖，只设花格挡火墙。

（2）助燃风机。助燃风机为煤气燃烧提供助燃空气，一般选用离心风机，空气量的调节通过改变进风口插板开度或改变风机转速来实现。

（3）引风机。热风炉烟道引风机和燃烧炉烟气引风机均需采用耐热型的，但耐热能力有限，故引风机只能在烟气温度不高于 300℃ 的情况下工作。

1.3.5　炉前设备

炉前主要设备有开铁口机、堵铁口泥炮、换风口机、炉前吊车等。

（1）开铁口机。开铁口机是高炉出铁时打开出铁口的设备。为了保证炉前操作人员的安全，现代高炉打开铁口的操作都是机械化、远距离进行的。开铁口机按其动作原理分为钻孔式和冲钻式两种。目前高炉普遍采用气动冲钻式开铁口机。

1）钻孔式开铁口机。钻孔式开铁口机结构比较简单，它吊挂在可作回转运动的横梁上，送进和退出由人力或卷扬机来完成。钻孔式开铁口机旋转机构示意图如图 1-45 所示。

2）冲钻式开铁口机。冲钻式开铁口机是在钻头旋转钻削的基础上，使钻头在轴向附加一定的冲击力，即钻头既可以进行冲击运动又可以进行旋转运动。图 1-46 所示为冲钻式开铁口机，其工作过程如下。

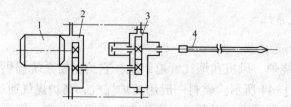

图 1-45　钻孔式开铁口机旋转机构示意
1—电动机；2，3—齿轮减速器；4—钻杆

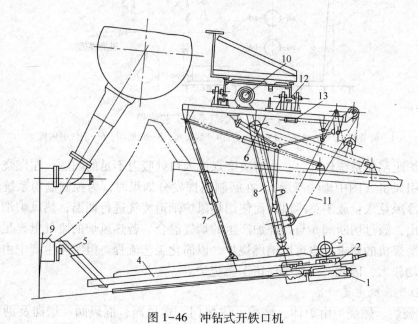

图 1-46　冲钻式开铁口机
1—钻孔机构；2—送进小车；3—风动电动机；4—轨道；5—锁钩；6—压紧气缸；7—调节连杆；
8—吊杆；9—环套；10—升降卷扬机；11—钢绳；12—移动小车；13—安全钩气缸

　　开铁口时移动小车 12 使开口机移向出铁口，并使安全钩脱钩，然后开动升降卷扬机 10，放松钢绳 11，将轨道 4 放下，直到锁钩 5 勾在环套 9 上，再使压紧气缸 6 动作，将轨道通过锁钩 5 固定在出铁口上。这时钻杆已经对准出铁口，开动钻孔机构的风动电动机，使钻杆旋转，同时开动送风机构风动电动机 3 使钻杆沿轨道 4 向前运动。当钻头接近铁口时，开动冲击机构，开口机一面旋转，一面冲击，直至打开出铁口。如遇钻杆被卡，可以利用冲击机构反向冲击拔出钻杆。

　　（2）堵铁口泥炮。堵铁口泥炮是用来堵铁口的设备。按驱动方式分为电动泥炮和液压泥炮两种。现代大型高炉多采用液压矮泥炮。

　　1）电动泥炮。电动泥炮主要由打泥机构、压紧机构、锁炮机构和转炮机构组成。电动泥炮打泥机构的主要作用是将炮筒中的炮泥按适宜的吐泥速度打入铁口，其结构示意图如图 1-47 所示。当电动机旋转时，通过齿轮减速器带动螺杆回转，螺杆推动螺母和固定在螺母上的活塞前进，将炮筒中的炮泥通过炮嘴打入铁口。

　　压紧机构的作用是将炮嘴按一定角度插入铁口，并在堵铁口时把泥炮压紧在工作位置

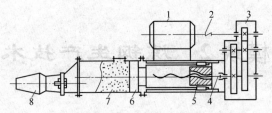

图1-47　电动泥炮打泥机构

1—电动机；2—联轴器；3—齿轮减速器；4—螺杆；5—螺母；6—活塞；7—炮泥；8—炮嘴

上。转炮机构要保证在堵铁口时能够回转到对准铁口的位置，并且在堵完铁口后退回原处。

2）液压泥炮。液压泥炮由液压驱动。转炮用液压马达，压炮和打泥用液压缸，它的特点是体积小、结构紧凑、传动平稳、工作稳定、活塞推力大，能适应现代高炉高压操作的要求。但是，液压泥炮的液压元件要求精度高，必须精心操作和维护，以避免液压油泄漏。

现代大型高炉多采用液压矮泥炮。矮泥炮是指泥炮在非堵铁口和堵铁口位置时，均处于风口平台以下，不影响风口平台的完整性。

 习　题

1-1　高炉炼铁系统由哪几部分组成，其核心部分是什么？

1-2　高炉五段式炉型的五段分别是什么？

1-3　我国高炉基本上有四种结构形式，分别是什么？

1-4　振动筛的作用是什么，如何分类？

1-5　并罐式无钟炉顶由哪几部分组成？

1-6　无钟炉顶的布料方式有哪几种，各有什么特点？

1-7　轴流式鼓风机工作原理是什么？

1-8　简述球磨机制粉工艺流程。

模块 2 炼钢生产技术

任务 2.1 初识炼钢生产

2.1.1 炼钢方法

把生铁放到炼钢炉内按一定工艺熔炼得到钢的过程称为炼钢。炼钢的方法有很多种，其基本原理是相同的，所不同的是在冶炼过程中需要的氧和热能来源不同。目前世界各国采用的炼钢方法主要有转炉炼钢和电炉炼钢两种。

（1）转炉炼钢。转炉炼钢是利用氧与铁水中的碳、硅、锰、磷元素反应放出的热量来进行冶炼的，不用从外部进行加热。这种方法是 1952 年以后发展起来的，它是目前世界上采用较多也是较先进的一种方法。常用转炉有氧气顶吹转炉、顶底复合吹炼转炉、侧吹转炉、底吹转炉，目前以氧气顶吹转炉为主。

（2）电炉炼钢。电炉炼钢是利用电能作为主要热源来进行冶炼。最常用的电炉有电弧炉和感应炉两种，一般所说电炉是指电弧炉。电炉炼钢法主要利用电弧热，在电弧作用区，温度高达 4000℃。冶炼过程一般分为熔化期、氧化期和还原期，在炉内不仅能造成氧化气氛，还能造成还原气氛，因此脱磷、脱硫的效率很高。

2.1.2 转炉炼钢任务

生铁中除了含有较多的碳外，还含有一定量的硅、锰、磷、硫等杂质，它们统称为钢铁中五大元素。炼钢就是用氧化的方法去除生铁中的这些杂质，再根据钢种的要求加入适量的合金元素，使之成为具有高强度、高韧性或其他特殊性能的钢。除五大元素外，钢中还含有氮、氢、氧和非金属夹杂物，它们是在冶炼过程中随原材料、炉气而进入钢中的，或是冶炼过程中残留在钢中的化学反应物。这些物质对钢的性能有重大影响，必须尽量降低其含量。

炼钢的基本任务包括：脱碳、脱磷、脱硫、脱氧；去除钢中有害气体和夹杂物；提高温度；调整成分；浇成合格的钢锭或铸坯。炼钢过程通过供氧、造渣、加合金、搅拌、升温等手段完成炼钢基本任务。

2.1.3 顶吹转炉炼钢流程

顶吹转炉炼钢流程如图 2-1 所示。

（1）检查炉衬和倾动装置等设备并进行必要的修补和修理。

（2）倾炉，加废钢、兑铁水，摇正炉体至垂直位置。

（3）降枪开吹，同时加入第一批渣料。

（4）加入第二批渣料继续吹炼。

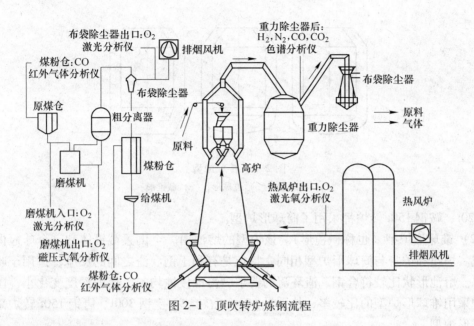

图 2-1　顶吹转炉炼钢流程

（5）倒炉，测温、取样，并确定补吹时间或出钢。

（6）出钢，同时进行脱氧合金化。

2.1.4　转炉炼钢主要设备

氧气顶吹转炉车间的主要设备较多，按用途主要有以下几种。

（1）原料供应设备。它包括铁水供应设备，如铁水车、混铁炉，废钢处理、运输、储存设备，散状料供应设备，用于钢水脱氧和合金化的铁合金设备等。

（2）转炉设备。它包括转炉炉体，炉体支承装置和炉体倾动装置，修炉机械如补炉机、拆炉机和修炉机等。

（3）供氧系统设备。它包括氧枪、氧枪升降装置和换枪装置等。

（4）出渣、出钢及铸锭系统设备。出渣、出钢设备有盛钢桶和盛钢桶运输车、渣罐和渣罐车，铸锭系统包括铸锭起重机，浇铸平台，盛钢桶修理和脱模、整模设备和连铸设备等。

（5）烟气净化和回收设备。

（6）其他辅助设备。

任务 2.2　转炉炼钢

2.2.1　氧气顶吹转炉炉型及选择

目前国内外氧气顶吹转炉所采用的炉型，炉帽、炉身部位都相同，依据熔池的形状不同来区分，分为筒球形、锥球形和截锥形。如图 2-2 所示。

（1）筒球形炉型。该炉型的熔池由一个圆筒体和一个球冠体两部分组成，炉帽为截锥形，炉身为圆筒形。特点是形状简单，砌砖简便，炉壳容易制造。金属装入量大。适用于大型转炉。在美国、日本采用的较多，国内 120t 转炉也有采用这种炉型的。如攀钢 120t、

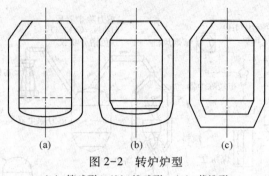

图 2-2　转炉炉型

（a）筒球形；（b）锥球形；（c）截锥形

本钢 120t、鞍钢 150t 转炉都采用了筒球形炉型。

（2）锥球形炉型（也称橄榄形）。该炉型的熔池由一个倒置截锥体和一个球冠体两部分组成。炉帽和炉身与筒球形炉型相同。特点是有利于钢、渣之间的反应，适用于吹炼高磷铁水。熔池形状比较符合钢、渣环流的要求，熔池侵蚀均匀，熔池深度变化小。国内中型转炉采用锥球形炉型的比较多，特别是 80t 左右转炉。宝钢 300t、唐钢 150t 转炉采用的是锥球形炉型。

（3）截锥形炉型。该炉型的熔池由一个倒置的截锥体组成。特点是形状简单，炉底砌筑简便；其形状基本上能满足于炼钢反应的要求，与相同容量的其他炉型相比，在熔池直径相同的情况下，熔池最深。适用于小型转炉。

结合已建成的转炉的设计经验，在选择炉型时，可以按：大型转炉，采用筒球形炉型；中型转炉，采用锥球形炉型；小型转炉，采用截锥形炉型原则选择。选择原则不是绝对，还要根据当地的铁水条件，主要是 P、S 含量，来考虑确定最合适的转炉炉型。对于顶底复吹转炉，一般采用截锥形炉型。

2.2.2　氧气顶吹转炉结构

氧气顶吹转炉炉体及倾动机械如图 2-3 所示，它由炉体 1、炉体支承系统 2 及倾动机构 3 组成。

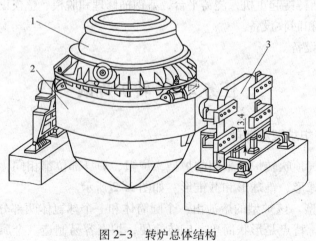

图 2-3　转炉总体结构

1—炉体；2—支承装置；3—倾动机构

2.2.2.1　转炉炉体

转炉炉体包括炉壳和炉壳内的耐火材料炉衬。

A　炉衬

炉衬包括工作层、永久层及填充层三部分。工作层由于直接与炉内液体金属、炉渣和炉体接触，易受侵蚀，国内通用沥青白云石砖或沥青镁砖砌成。永久层紧贴炉壳，用于保护炉壳钢板。

B　炉壳

炉壳用钢板焊成。如图 2-4 所示，它由炉帽、炉身、炉底三部分组成。

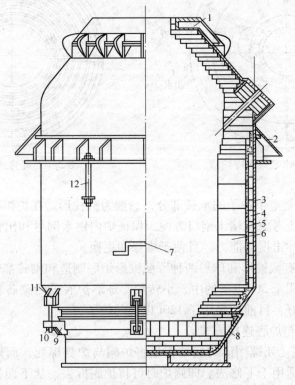

图 2-4　转炉炉壳与炉型

1—炉口冷却水箱；2—挡渣板；3—炉壳；4—永久层；5—填料层；6—炉衬；
7—制动块；8—炉底；9—下吊架；10—楔块；11—上吊架；12—螺栓

（1）炉帽。炉帽通常做成截锥形，这样可以减少吹炼时的喷溅损失以及热量的损失，并有利于引导炉气排出。炉帽顶部为圆形炉口，用来加料，插入吹氧管，排出炉气和倒渣。为了防止炉口在高温下工作时变形和便于清除黏渣，目前普遍采用通入循环水强制冷却的水冷炉口。

水冷炉口有水箱式和埋管式两种结构。

1）水箱式。水箱式水冷炉口用钢板焊成，如图 2-5 所示，在箱内焊有 12 块隔水板，使冷却水进入炉口水箱能形成回流。这种结构的优点是冷却强度大，易于制造，成本较低。但易烧穿，增加了维修工作量，另外还可能造成爆炸事故。因此，设计时应注意回水管的进水口接近水箱顶部，以免水箱上部积聚蒸气而引起爆炸。

2）埋管式。埋管式水冷炉口如图 2-6 所示，通常用通冷却水的蛇形管埋于铸铁炉口中。埋入的钢管一般使用无缝钢管。水冷炉口材料可以用灰口铸铁、球墨铸铁或耐热铸铁。这种结构的安全性和寿命均比水箱式高，但制造较繁，冷却强度比水箱式低。

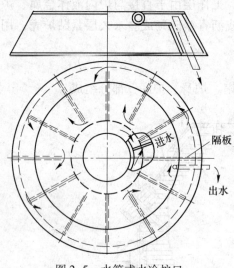

图 2-5　水箱式水冷炉口

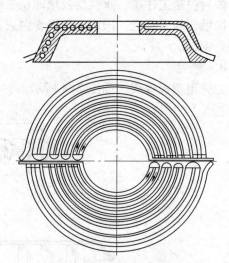

图 2-6　埋管式水冷炉口

（2）炉身。炉身是整个炉子的承载部分，一般为圆柱形。在炉帽和炉身耐火砖交界处设有出钢口，设计时应考虑使堵出钢口方便，保证炉内钢水倒尽和出钢时钢流应对盛钢桶内的铁合金有一定的冲击搅拌能力，且便于维修和更换。

（3）炉底。炉底有截锥形和球形两种。截锥形炉底制造和砌砖都较为方便，但其强度比球形低，故在我国用于 50t 以下的中、小转炉。球形炉底虽然砌砖和制作较为复杂，但球形壳体受载情况较好，目前，多用于 120t 以上的炉子。

（4）炉帽、炉身与炉底连接方式。

1）死螺帽活炉底。死螺帽活炉底结构是将炉帽与炉身焊死，而炉底和炉身是采用可拆连接的。此种结构适用于下修法。即修炉时可将炉底拆去，从下面往上修砌新砖。炉底和炉身多采用吊架丁字销钉和斜楔连接。实践证明，销钉和斜楔材料不宜采用碳素钢，最好用低合金钢，以增加强度。

2）活炉帽死炉底。活炉帽死炉底结构如图 2-7 所示。死炉底具有质量轻、制造方便、安全可靠等优点，故大型转炉多采用死炉底。这种结构修炉时，采用上修法，即人和炉衬材料都经炉口进入。在有的转炉上为减少停炉时间，节约投资，提高钢产量，修炉时采用更换炉底的方法，将待修炉体移至炉座外修理，而将事先准备好的炉体装入炉座继续吹炼，这种称之为活炉座。为了在活座下不增加起重运输能力，且便于修理损坏了的炉帽，可将炉帽与炉身做成可拆连接，而炉身与炉底做成一体。

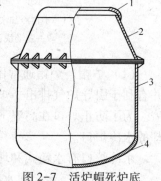

图 2-7　活炉帽死炉底
1—炉口；2—炉帽；
3—炉身；4—炉底

2.2.2.2　转炉炉体支承系统

转炉炉体的全部质量通过支承系统传递到基础上去，支承系统包括支承炉体的托圈部件，将炉体与托圈连接起来的连接装置以及支承托圈部件的轴承及其支座三部分。

A　托圈

a　作用

托圈是转炉的重要承载和传动部件。它支承着炉体全部质量，并传递倾动力矩到炉体。工作中还要承受由于频繁启动、制动所产生的动负荷和操作过程所引起的冲击负荷，以及来自炉体、盛钢桶等辐射作用而引起托圈在径向、圆周和轴向存在温度梯度而产生的热负荷。

b　结构

图 2-8 所示为转炉托圈结构。它是由钢板焊成的箱形断面的环形结构，两侧焊有铸钢的耳轴座，耳轴装在耳轴座内。为了便于运输，该托圈剖分成四段在现场进行装配。各段通过矩形法兰由高强度螺栓连接。各个矩形法兰中间安装有方形定位销，用它来承受法兰结合面上的剪力。托圈材质一般采用低合金结构钢。

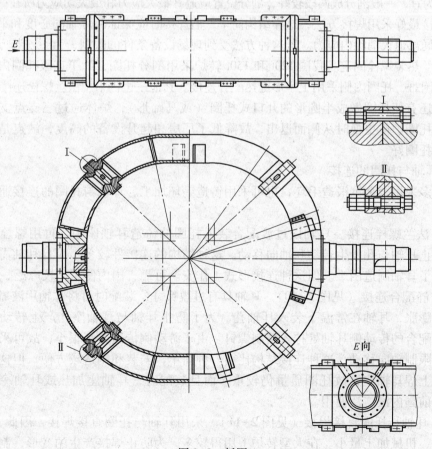

图 2-8　托圈

c　托圈类型

（1）铸造托圈与焊接托圈。对于较小容量转炉的托圈，由于托圈尺寸小，不便用自动电渣焊，可采用铸造托圈。其断面形状可用封闭的箱形，也可用开式的半箱形断面。目前，对中等容量以上的转炉托圈都采用质量较轻的焊接托圈。焊接托圈做成箱形断面，它的抗扭刚度比开口断面大好几倍，并便于通水冷却。

（2）整体托圈与剖分托圈。在制造与运输条件允许的情况下，托圈应尽量做成整体的。这样结构简单、加工方便，耳轴对中容易保证，结构受力大。如图 2-9 所示为 300t 转炉使用的整体托圈，它是钢板焊成的箱形结构。托圈耳轴座与耳轴是一个整体铸件，并与出钢侧和装料两瓣托圈焊成一体。为了增强耳轴座焊接处的强度和刚度，在耳轴座附近焊有横隔板，在耳轴两侧各一块。在两轴同一侧两块横隔板之间，还焊有多块均布的立筋板，立筋板上部开有圆孔，下部开有长圆孔，如剖视图 C—C 所示，以增加腹板的刚度。

在每两块立筋板中间焊有穿通内外腹板的圆管，穿通圆管的作用是增强托圈的刚性和改善炉壳空冷效果。在出钢侧的托圈外腹板上，借支承块用螺钉固定有保护板，以防渣罐、钢水罐的辐射热作用。为了降低托圈的热应力，除在托圈内用冷却水循环冷却外，还在炉体与托圈内表面之间进行通风冷却，以改善散热条件。

对于大型托圈，由于质量与外形尺寸较大，有时也做成剖分的，在现场进行装配。剖分面以尽量少为宜，一般剖分成两段较好，剖分位置应避开最大应力和最大切应力所在截面。剖分托圈的连接最好采用焊接方法，这样结构简单，但焊接时应保证两耳轴同心度和平行度。焊接后进行局部退火消除内应力。若这种方法受到现场设备条件的限制，为了安装方便，剖分面常用法兰热装螺栓固定。我国 120t 和 150t 转炉采用剖分托圈，为了克服托圈内侧在法兰上的配钻困难，托圈内侧采用工字形键热配合连接。其他三边仍采用法兰螺栓连接。

国外还有使托圈做成半圆形的开口式托圈（或马蹄形），炉体通过三支点支承在托圈上。这种托圈炉体更换时从侧面退出，故降低了厂房和起升设备的高度，缺点是承载能力不如闭式托圈好。

d　耳轴与托圈的连接

耳轴多采用合金钢锻造毛坯，也可采用铸造毛坯加工。耳轴与托圈的连接通常有三种方式。

（1）法兰螺栓连接。耳轴以过渡配合装入托圈的铸造耳轴座中，再用螺栓和圆销连接，以防止耳轴与孔发生转动和轴向移动。这种结构的连接件较多，而且耳轴需带一个法兰，增加了耳轴制造困难。但这种连接形式工作安全可靠，国内使用比较广泛。

（2）静配合连接（见图 2-10）。耳轴具有过盈尺寸，装配时可将耳轴用液氮冷缩或将轴孔加热膨胀，耳轴在常温下装入耳轴孔。为了防止耳轴与耳轴座孔产生转动或轴向移动，在静配合的传动侧耳轴处拧入精制螺钉。由于游动侧传递力矩很小，故可采用带小台肩的耳轴限制轴向移动。这种连接结构比前一种简单，安装和制造较方便，但这种结构仍需在托圈上焊耳轴座，故托圈质量仍较重。而且装配时，耳轴座加热或耳轴冷却也较费事，故目前国内没广泛使用。

（3）耳轴与托圈直接焊接（见图 2-11）。采用耳轴与托圈直接焊接，因此，质量小、结构简单、机械加工量小。在大型转炉上用得较多。为防止焊接产生的变形，制造时要特别注意保证两耳轴的平行度和同心度。

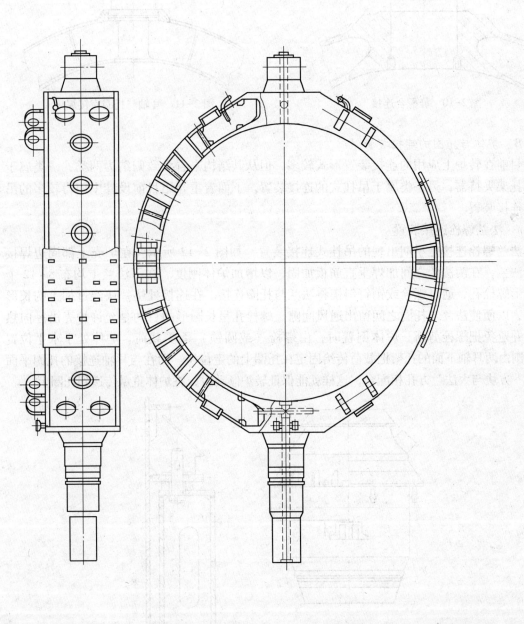

图2-9　整体托圈

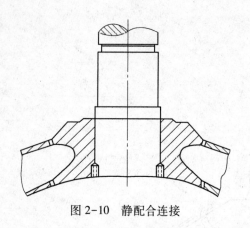

图 2-10　静配合连接

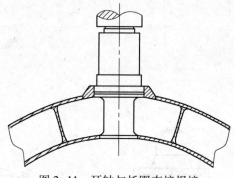

图 2-11　耳轴与托圈直接焊接

B　炉体与托圈的连接装置

目前在转炉上应用的连接装置形式较多,但从其结构来看大致归纳为两类:一类属于支承托架夹持器;另一类属于吊挂式的连接装置。下面着重介绍目前设计中用得较多的吊挂式连接装置。

a　法兰螺栓连接装置

法兰螺栓连接是早期出现的吊挂式连接装置,如图 2-12 所示。在炉壳上部周边焊接两个法兰,在两法兰之间加焊垂直筋板加固,以增加炉体刚度。在下法兰上均布 8~12 个长圆形螺栓孔,通过螺栓或销钉斜楔将法兰与托圈连接。在连接处垫一块经过加工的长形垫板,以便使法兰与托圈之间留出通风间隙。螺栓孔呈长圆形的目的是允许炉壳沿径向热膨胀并避免把螺栓剪断。炉体倒置时,由螺栓(或圆锁)承受载荷。炉体处于水平位置时,则由两耳轴下面的托架把载荷传给固定在托圈上的定位块。而在与耳轴连接的托圈平面上有一方块与大法兰方孔相配合,这样就能保证转炉倾动时,将炉体重量传递到托圈上。

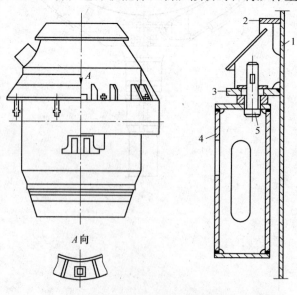

图 2-12　法兰螺栓连接装置

1—炉体;2—上法兰;3—下法兰;4—托圈;5—销钉

由于这种连接装置基本能适应炉壳胀缩，因此，工作中有松动现象，造成炉体倾动时的晃动，对设备不利。实践证明，用螺栓或销钉连接时，应注意合理的预紧力，这样既满足炉壳膨胀要求，又可防止晃动。

　　b　自调螺栓连接装置

自调螺栓连接装置是目前吊挂装置形式中比较理想的一种结构，图 2-13 所示为我国 300t 转炉自调螺栓连接装置的结构原理图。炉体 1 是通过下法兰圈和三个自调螺栓 3 在圆周上呈 120°布置，其中两个在出钢侧与耳轴轴线成 30°夹角的位置上。另一个在装料侧与耳轴轴线呈 90°的位置上。自调螺栓通过销用螺母和销将炉体与托圈 5 连接。当炉壳产生热胀冷缩时，由焊在炉壳上的法兰推动球面垫移动，从而使自调螺栓绕支座 9 摆动，故炉体径向位移不会受到约束，而且炉壳中心位置保持不变。图 2-13(c)、(d) 表示自调螺栓原始位置和炉壳相对托圈的径向位置达到极限位置时的工作状态。此外，由于炉壳只用下法兰通过自调螺栓支承在托圈上面，托圈下部的炉壳上没有法兰与托圈连接，故托圈对炉壳在轴向没有任何约束，可以自由膨胀。

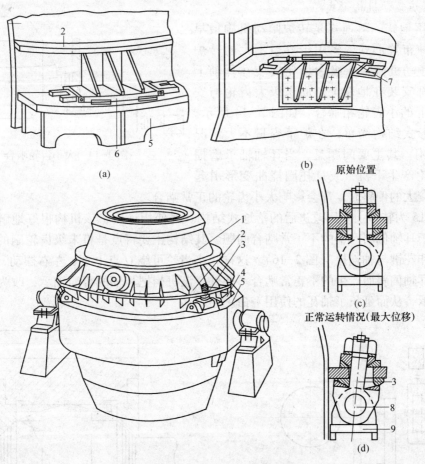

图 2-13　300t 转炉自调螺栓连接装置

1—炉体；2—下法兰圈；3—自调螺栓；4—筋板；5—托圈；6—上托架；7—下托架；8—销轴；9—支座

三组自调螺栓装置承受炉体的自重，其中位于出钢口对侧的自调螺栓装置，由于离耳轴中心距离最远,主要由它来承受倾动力矩。而炉体倾到水平位置时的载荷则由位于耳轴部位的两组止动托架传递到托圈,如图 2-13(a)、(b) 所示。上托架 6 由焊在炉壳上的卡板,嵌入焊在托圈下表面上的卡座内,而下托架 7 的卡板则通过铰制螺钉固定在炉壳上,这样便于炉体的更换。卡板与卡座仅在侧面相接触,以制约其横向位移,承受平行于托圈平面方向的载荷。

　　这种连接装置能满足对连接装置的各项性能要求,且结构简单,制造安装容易,维护较方便,是一种运转可靠值得推广的连接装置,我国中小型转炉也已有应用。但这种连接装置还留用卡板装置,使用中仍存在限制炉壳相对于托圈的胀缩。此外,球铰连接处零件较多,使用时易磨损,使炉体倾动时产生摆动,卡板与炉壳用螺栓连接工作量很大。

2.2.2.3　转炉倾动装置

A　作用

转炉倾动机械的作用是转动炉体,以使转炉完成兑铁水、取样、出渣、修炉等操作。

B　转炉倾动机构形式

（1）落地式。落地式是转炉倾动机构最早采用的一种布置形式,多用于容量不大的转炉上。它的倾动机械除末级大齿轮安装在耳轴上外,其余都安装在地基上。而末级大齿轮与安装在地基上的小齿轮相啮合,如图 2-14 所示。这种布置形式结构简单,在炉子容量不大情况下较多采用。其主要问题是,当耳轴轴承磨损后,大齿轮产生下沉,或是托圈挠曲变形引起耳轴发生较大的偏斜时,都会影响大小齿轮的正常啮合。

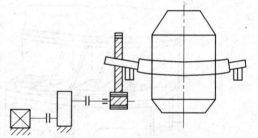

图 2-14　大小齿轮啮合

　　图 2-15 为转炉上采用改进后的落地式结构。经使用证明,该机构很好地解决了末级齿轮副由于耳轴偏斜产生的不正常啮合问题。其结构主要特点是将末级齿轮副的小齿轮通过鼓形齿和花键与轴连接（图 2-16）。这样,小齿轮可绕 O 点上下、左右摆动,以适应大齿轮由于耳轴偏斜而产生的不正常啮合。此外,该机构把耳轴的普通轴承,改为自动调心式滑动轴承,从而延长了轴瓦的使用寿命。

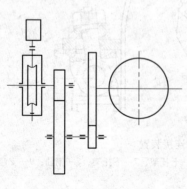

图 2-15　转炉倾动机构

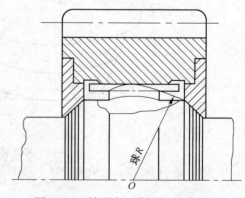

图 2-16　鼓形齿、花键与轴的连接

（2）半悬挂式。半悬挂式是在落地式基础上发展起来的。其特点是把末级齿轮副通过减速器箱体悬挂在转炉的耳轴上，而其余部分都安装在地基上，中间用万向接手或弧形齿接手相连接。图 2-17 是转炉采用的半悬挂配制的倾动机构。

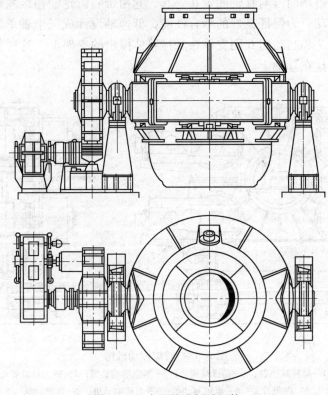

图 2-17　半悬挂式倾动机构

半悬挂式由于悬挂减速器悬挂在耳轴上，当转炉倾动时，其小齿轮的输入力矩及炉体给耳轴的反矩，形成了一个方向相同的合力矩，使悬挂箱壳绕耳轴回转。为此，在这种结构上必须设置抗扭装置，以防止箱壳绕耳轴回转。

这种配置形式，由于末级齿轮副通过箱壳悬挂在耳轴上，所以克服了落地式末级齿轮副啮合不良的缺点，省掉了笨重的末级联轴器。因此，设备质量和占地面积都有所减小。但这种结构抗冲击和抗扭振性能仍未很好解决，并且又多了一个万向接手或弧形齿接手，占地面积仍然较大。

（3）全悬挂式。这种配置形式特点是，将整套传动机构全部挂在耳轴外伸端上。为了减少传动系统的尺寸和质量，并使其工作安全可靠，目前大型全悬挂式转炉倾动机构均采用多点啮合柔性传动，即在末级传动中由数个各自带有传动机构的小齿轮驱动同一个末级大齿轮，而整个悬挂减速器用抗扭器防止箱壳绕耳轴转动。

全悬挂多点啮合柔性传动倾动机构的优点是结构紧凑、质量轻、占地面积小、运转安全可靠、工作性能好。目前采用的多点啮合一般为 2~4 点，有的多达 12 点以上，这样可以充分发挥大齿轮的作用，使单齿传动力减少。但随着啮合点数的增加，造成结构复杂，安装空间狭小，给安装维修带来许多不便。目前，国内外在大型转炉上已广泛使用四点啮合传动。

　　我国 300t 转炉倾动机构属于全悬挂四点啮合配制形式,如图 2-18 所示。悬挂减速器 1 悬挂在耳轴外伸端上,初级减速器 2 通过箱体上的法兰用螺栓固在悬挂减速器箱体上。耳轴上的大齿轮通过切向键与耳轴固定在一起,它由带斜齿轮的初级减速器 2 的低速轴上四个小齿轮同时驱动。为保证良好的啮合性能,低速轴设计成三个轴承支承。驱动初级减速器的直流电动机 7 和制动器 6 则支承在悬挂箱体撑出的支架上。这样整套传动机构通过悬挂减速器箱体悬挂在耳轴上。

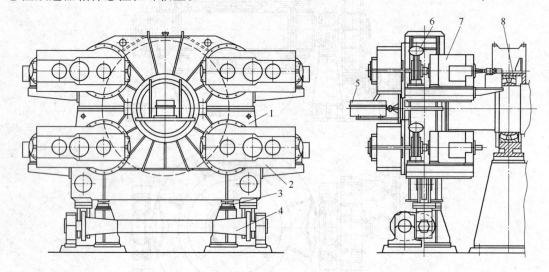

图 2-18　转炉倾动机构

1—悬挂减速器;2—初级减速器;3—紧急制动装置;4—扭力杆装置;
5—极限开关;6—电磁制动器;7—直流电动机;8—耳轴轴承

　　悬挂减速器箱体通过与之铰接的两根立杆与水平扭力杆柔性抗扭缓冲装置连接。水平扭力杆 4 的两端支承于固定在基础上的支座中,通过水平扭力杆来平衡悬挂箱体上的倾翻力矩。为防止过载以保护扭力杆,在悬挂箱体下方还设置有制动装置 3,在正常情况下制动装置不起作用,因箱体底部与固定在地基上的制动块之间有间隙,当倾动力矩超过正常值的 3 倍时,间隙消除,箱体底部与制动块接触,这时,电机停止运转。这样就防止了扭力杆由于过载而扭断,使传动机构安全可靠。多点啮合由于采用两套以上传动装置,所以其中 1~2 套损坏时,仍能在短时间内维持正常操作,即事故状态下处理能力强、安全性好。全悬挂由于整套传动装置都挂在耳轴上,托圈的挠曲变形不会影响齿轮副的正常啮合。而低速级的大型齿式联轴器或万向联轴器的取消,使传动间隙大为减少,从而减少了机构在启动、制动时的冲击和振动。同时由于水平扭力杆的采用,对耳轴没有附加横向力,吸振、缓冲性能好,传动平稳,有效地降低了机构的动负荷和冲击力。

　　由于这种机构的全部传动装置都悬挂在耳轴上,耳轴轴承容量大,故要求悬挂箱体刚性好。通常半悬挂式转炉的耳轴轴承较同容量落地式耳轴轴承提高一级,而全悬挂则要提高两级。由于啮合点的增加结构较为复杂,加工和调整要求高。

任务 2.3　原料输送系统

转炉车间原料的输送包括铁水、废钢、散状材料、铁合金等的运输。

2.3.1　铁水的供应

2.3.1.1　混铁车供应铁水

混铁车如图 2-19 所示，又称鱼雷罐车。它由铁路机车牵引，兼有运送和储存铁水的两种作用。其工艺流程为：高炉铁水流入混铁车，经机车牵引，混铁车进入炼钢车间，当转炉需要铁水时，将混铁车中铁水倒入铁水包，经过称量后，用天车将铁水包送入转炉炉前。

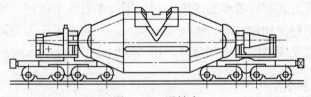

图 2-19　混铁车

混铁车外壳由钢板焊接而成，内砌耐火衬砖。罐体中部为圆筒形，较长；两端为截圆锥形，以便从直径较大的中间部位向两端耳轴过渡。罐体中部上方开口，供受铁、出铁、修砌和检查出入之用。罐口上部设有罐口盖保温。

2.3.1.2　铁水罐供应铁水

高炉铁水流入铁水罐后，由铁水罐车送至转炉车间，转炉需要铁水时，将铁水倒入转炉车间的铁水包经称量后由天车吊运送至转炉炉前。

铁水罐车供应铁水的特点是设备简单，投资少。铁水在运输过程中热量损失较大，而且有黏罐现象。铁水成分波动较大。这种供应铁水形式主要适用于小型转炉炼钢车间。

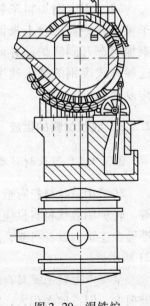

图 2-20　混铁炉

2.3.1.3　混铁炉供应铁水

高炉铁水由铁水罐车送至转炉车间加料跨，用铁水吊车将铁水兑入混铁炉（见图 2-20）。当转炉需要铁水时，从混铁炉将铁水倒入转炉车间的铁水包内，经称量后用天车吊至转炉炉前。

混铁炉由炉体、炉盖开闭机构和炉体倾动机构三部分组成。

混铁炉的炉体一般采用短圆柱炉型，其中段为圆柱形，两端端盖近于球面形，炉体长度与圆柱部分外径之比近于 1。炉壳用厚钢板焊接或铆接而成。两个端盖通过螺钉与中间圆柱形主体连接，以便于拆装修炉。

混铁炉倒入口和倒出口皆有炉盖。通过地面绞车放出的钢绳绕过炉体上的导向滑轮去独立地驱动炉盖的开闭。

目前混铁炉普遍采用的一种倾动机构是齿条传动倾动机构。齿条与炉壳凸耳铰接，由小齿轮传动，小齿轮由电动机通过四对圆柱齿轮减速后驱动。

国内混铁炉容量有 300t、600t、1300t。混铁炉容量应与转炉容量相配合。要使铁水保持成分的均匀和温度的稳定，要求铁水在混铁炉中的储存时间为 8~10h，即混铁炉容量相当于转炉容量的 15~20 倍。

2.3.2　废钢的供应

2.3.2.1　废钢存放

废钢应尽量分类存放，特别是含有合金元素的废钢。场地的大小取决于转炉每炉所需废钢加入量及储存天数。

废钢料间的布置方式有设置单独的废钢间，用火车或汽车运送，需要料时用热力或电力料斗平车运送废钢料斗到加料跨，再用吊车加入。一般适用于大型转炉。另一种布置方式是在原料跨一端设立废钢间，由磁盘或大钳天车向废钢料斗装入废钢。

2.3.2.2　废钢加入方式

（1）直接用桥式吊车吊运废钢槽倒入转炉。这种方法是目前最主要的加入废钢形式。它采用普通吊车的主钩和副钩吊起废钢料槽，靠主、副钩的联合动作把废钢加入转炉。这种方式的平台结构和设备都比较简单，废钢吊车与兑铁水吊车可以共用，但一次只能吊起一槽废钢，并且废钢吊车与兑铁水吊车之间的干扰较大。

（2）用废钢加料车装入废钢。这种方法是在炉前平台上专设一条加料线，使加料车可以在炉前平台上来回运动。废钢料槽用吊车事先吊放到废钢加料车上，然后将废钢加料车开到转炉前并倾动转炉，废钢加料车将废钢料槽举起，把废钢加入转炉内。这种方式废钢的装入速度较快，并可以避免废钢与兑铁水吊车之间的干扰，但平台结构复杂。

2.3.3　散状材料的供应

2.3.3.1　散状材料类型及送料方式

转炉用散状材料有造渣材料、调渣剂和部分冷却剂，如石灰、萤石、铁矿石、白云石等。转炉用散状材料供应的特点是种类多、批量小、批数多，因此要求供料迅速、及时、准确、连续，设备可靠，所以都采用全胶带输送机供料，也称全皮带供料系统，如图 2-21 所示。

全皮带上料系统具有结构轻便，运输能力大等特点，工作可靠，有利于自动化，原料破损少，但占地面积大，投资大，适用于大中型转炉车间。

2.3.3.2　料仓

（1）地下料仓。地下料仓设在靠近主厂房的附近，它兼有储存和转运的作用。料仓设

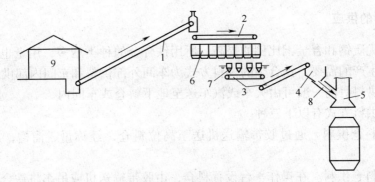

图 2-21　全皮带供料系统

1—固定胶带运输机；2—可逆式胶带运输机；3—汇集胶带运输机；4—汇集料斗；

5—烟罩；6—高位料仓；7—称量料斗；8—加料溜槽；9—散状材料间

置形式有地下式、地上式和半地下式三种，其中采用地下式料仓较多。

（2）高位料仓。高位料仓设置的目的在于起到临时储料作用（24h），并利用重力，通过电磁振动给料器、称量料斗、汇集料斗以及密封溜槽向转炉及时可靠地供料，保证转炉正常生产。

高位料仓沿炉子跨纵向布置，可以两座转炉共用高位料仓，此方式优点是料仓数目减少，可以相互支持供料，并避免转炉停炉后料仓内剩余石灰的粉化。但称量及下部给料器作业频繁，设备检修频繁。也可以每座转炉单独使用高位料仓或部分共用高位料仓。如图 2-22、图 2-23 和图 2-24 所示。

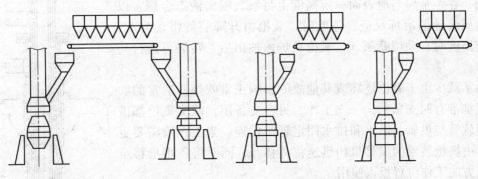

图 2-22　共用高位料仓　　　　　图 2-23　独用高位料仓

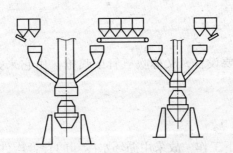

图 2-24　部分共用高位料仓

2.3.4　合金料的供应

随着冶炼优质钢和合金钢比例的提高，所用铁合金的种类增多，用量也大，铁合金供应方式要适应生产的需要。铁合金的供料方式为车间外部供料和车间内部供料两种。

车间外部供料目前一般可由火车或汽车送至地下料仓或车间内。

车间内部供料方式有以下三种。

（1）高位料仓供料。通过胶带输送机送至高位料仓，经称量、溜槽，加到钢包或转炉内。

（2）平台料仓供料。在操作平台设置料仓，由胶带输送机或吊车将铁合金送入料仓暂存，需用时称量经溜槽加入钢包。

（3）高位料仓与平台料仓相结合的供料。铁合金由高位料仓、平台料仓、称量、溜槽加入钢包中。

大型转炉多采用第 1 种方式供应铁合金。

任务 2.4　供 氧 系 统

吹氧装置是氧气顶吹转炉车间的关键工艺设备之一，它完成向转炉内吹送氧气的工作，吹氧装置由氧枪（又称吹氧管）、氧枪升降装置和换枪装置三部分组成。

吹炼时，与车间内供氧管路相连的氧枪由升降装置带动送入炉膛内，在距金属熔池表面一定高度上将氧气喷向液态金属，以实现金属熔池的冶炼反应。停吹时，氧枪由升降装置带动升起，至一定高度时自动切断氧气，氧枪从炉内抽出后，转炉可进行其他操作。

为了减少由于氧枪烧坏或其他故障影响正常吹炼，通常的吹氧装置都带有两支氧枪，一支工作，另一支备用，两支氧枪都借助金属软管与供氧、供水和排水固定管路相连。当工作枪需要更换时，由换枪装置的横移机构迅速将其移开，同时将备用枪移至转炉上方的工作位置投入使用。

2.4.1　氧枪

2.4.4.1　作用

氧枪是转炉供氧的主要设备，又称吹氧管或喷枪，由它来完成向炉内熔池吹氧。

2.4.4.2　结构

由于氧枪在炉内高温下工作，故采用循环水冷却的套管构件，它由管体、喷头和尾部结构三部分组成，如图 2-25 所示。

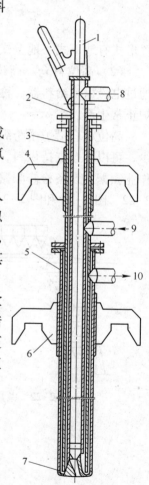

图 2-25　氧枪

1—吊环；2—中心管；
3—中层管；4—上机座；
5—外层管；6—下机座；
7—喷头；8—氧气管；
9—进水口；10—出水口

A　管体

管体系由无缝钢管制成的中心管 2，中层管 3 及外层管 5 同心套装而成，其下端与喷头 7 连接。管体各管通过法兰分别与三根橡胶软管相连，用以供氧和进、出冷却水。氧气从中心管 2 经喷头 7 喷入熔池，冷却水自中心管 2 与中层管 3 的间隙进入，经由中层管 3 与外层管 5 之间隙上升而排出。为保证管体三个管同心套装，使水缝间隙均匀，在中层管 3 和中心管 2 的外管壁上，沿长度方向焊有若干组定位短筋，每组有三个短筋均布于管壁圆周上。为保证中层管下端的水缝，在其下端面圆周上均布着三个凸爪，使其支撑在喷头的内底面上。

B　尾部结构

尾部结构除有通入氧气和进出冷却水的连接管头外，管体下部的喷头，工作在炉内高温区域，为延长其寿命，采用热传导性能好的紫铜组成，喷头与管体内管用螺纹连接，而与外管则用焊接连接。

C　喷头

喷头的孔型和数目是重要工艺参数，它们直接影响着吹炼的工艺制度和工艺效果。按孔型喷头分为拉瓦尔型、直筒型和螺旋形；按孔数分为单孔和多孔喷头。

（1）拉瓦尔喷头。拉瓦尔喷头可以有效地把氧气压力转变为动能，并可获得比较稳定的超音速流股，有利于液体金属的搅拌，提高脱碳除磷效果。在具有相同搅拌能力的情况下，喷头距熔池面较高，除可以提高氧枪和炉衬的寿命外还可减少炉液喷溅，提高金属收得率。因而拉瓦尔喷头得到了广泛的应用。拉瓦尔型喷头由收缩段，喉口和扩张段三部分组成，如图 2-26 所示。

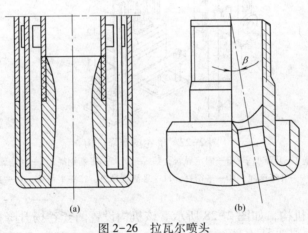

图 2-26　拉瓦尔喷头
（a）单孔拉瓦尔喷头；（b）三孔拉瓦尔喷头

（2）直筒型喷头。直筒型喷头在高压下所获得的超音速是不稳定的，而且超音速段较短，故目前较少采用。

（3）螺旋形喷头。螺旋形喷头能加强对熔池的搅拌作用，缺点是结构比较复杂，寿命较短，故较少应用。

2.4.2　氧枪升降装置

氧枪固定在升降小车上，由升降机构带动升降。

（1）升降机构。

1）单卷扬升降机构，如图 2-27 所示。该机构借助平衡重实现氧枪升降。吹氧管 1 装在升降小车 2 上，升降小车 2 沿固定导轨 3 升降。平衡重 12 通过平衡钢绳 5 与升降小车 2 连接，又通过升降钢绳 9 与平衡重导轨 11 连接。发生断电事故时，气缸 7 顶开制动器 6，借助平衡重提升吹氧管和升降小车。为了缓冲平衡重下落时的冲击，设有弹簧缓冲器 13。当升降钢绳 9 发生断裂时，平衡重也能将吹氧管和升降小车提起。

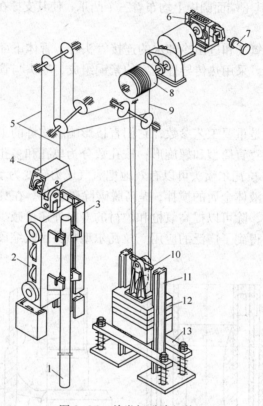

图 2-27　单卷扬升降机构

1—吹氧管；2—升降小车；3—固定导轨；4—吊具；5—平衡钢绳；6—制动器；7—气缸；
8—卷筒；9—升降钢绳；10—平衡杆；11—平衡重导轨；12—平衡重；13—弹簧缓冲器

2）双卷扬升降机构，如图 2-28 所示。该机构设置两套卷扬升降机构。安装在横移小车上。采用直接提示的办法升降氧枪。当机构发生故障或断电事故时，需要外动力提升氧枪。

（2）升降小车。升降小车（图 2-27 中 2，图 2-28 中 10）由车轮、车架、制动装置及管位调整装置组成。车架是钢板焊接件。在前后和左右各有两对车轮实现车架升降的支承导向作用。由于氧枪及其软管偏心安装于车架上，故升降小车车轮除起导向作用外，还承受偏心质量产生的倾翻力矩。车轮与轨道磨损后，氧枪中心线即随着间隙的增加而歪斜，但小车运行时由于偏心质量，车轮始终靠紧轨道平稳升降而不会晃动。氧枪的歪斜可以借调整氧枪在支承处的位置来纠正。

（3）固定导轨。固定导轨是保证氧枪做垂直升降运动的重要构件，通常由三段导轨垂

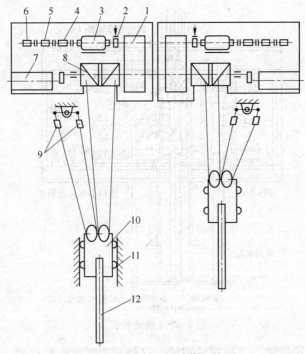

图 2-28　双卷扬升降机构

1—圆柱齿轮减速机；2—制动器；3—直流电动机；4—测速发动机；5—速度保护装置；6—脉冲发生器；
7—行程开关；8—卷筒；9—测力传感器；10—升降小车；11—固定导轨；12—吹氧管

直组装而成，它们固装在车间厂房承载构件上。导轨下端装有弹簧缓冲器用以吸收小车到达下极限位置时的冲击动能，导轨的段数应尽可能减少，在各段连接处应注意连接好。以免在使用过程中由于某些螺栓松动产生导轨偏斜现象。

2.4.3　换枪装置

换枪装置的作用是在氧枪损坏时，能在最短时间里将其迅速移开，并将备用氧枪送入工作位置，其采用的是双卷扬传动装置，即两套独立的升降机构。其特点是承载能力大，且由于分别安装在各自的横移小车上，当需换枪或工作位置卷扬机出现故障时，一台横移小车能即时脱离工作位，备用枪能马上投入，方便快捷，且便于实现自动化控制。

换枪装置基本都是由横移小车、小车座架和小车传动装置三部分组成。如图 2-29所示。

但由于采用的升降装置形式不同，小车座架的结构和功用也不同，氧枪升降装置相对横移小车的位置也不同。单升降装置的提升卷扬与换枪装置的横移小车是分离配置的；而双升降装置的提升卷扬则装设在横移小车上，随横移小车同时移动。

2.4.4　氧枪配套装置

（1）氧枪刮渣器。氧枪刮渣器是氧枪的主要辅助设备，其主要作用是及时清除氧枪吹炼过程中，氧枪本体上所黏附的渣，保证氧枪的正常工作。其主要由刮刀及其支撑转臂、驱动元件组成。一般刮渣器有两种形式，第一种炉刮渣器主要由刮刀、转臂、气缸及连接

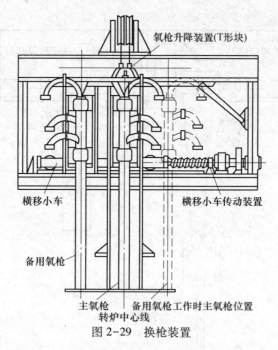

图 2-29 换枪装置

件、转臂支座及各连接销轴、连接螺栓组成，这种刮渣器结构较简单，各部件的连接处基本上都采用的是直销连接，拆卸和更换都较方便，便于维护检修，但整体强度欠佳，故障率偏高。第二种刮渣器主要由刮刀、刮刀环及其固定刀架、气缸及连接件、支座等部件组成，其结构较第一种要好些，特别是将刮渣动作分解为两步进行（两步为连续进行的），有利于降低刮渣对刀片的磨损和冲击，其整体强度及刀片和刮刀环的安装精度较第一种要高，寿命较长，故障率低，但需要换刀片及刮刀环的时间相对长得多，且有安装要求。

（2）氧枪标尺装置。氧枪标尺系统主要由标尺及支架、滑轮组、钢绳、导向滑筒、配置块及拔叉、升降小车上的拔叉杆组成，标尺工作过程为：氧枪下降进入待吹点后，升降小车上拔叉带动拔叉向下运动，标尺通过钢绳与拔叉连在一起，这样拔叉运动过程直接反映到标尺上，给操作工指示枪位，提枪后，标尺靠配重块回位。

任务 2.5　烟气处理系统

2.5.1　烟气治理技术

2.5.1.1　按对炉气的处理方法分类

按对炉气的处理方法可分为燃烧法、未燃法等。

（1）燃烧法是指炉气从炉口进入烟罩，令其与空气成分混合，使可燃成分完全燃烧形成高温废气，经过冷却、净化后，通过风机抽引放散。处理后的炉气温度可高达 1800～2400℃。燃烧法烟尘为红棕色，Fe_2O_3 质量分数达到 90% 以上，尘粒接近雾，较难去除。

（2）未燃法是炉气从炉口进入烟罩，通过某种方法，使空气尽量少进入炉气，CO 少量燃烧，经过冷却、净化后，通过风机抽入回收系统储存利用，炉气的温度与燃烧法相比较低，约为 1400～1800℃。未燃法的烟气量较少，燃烧法的烟气量是其 4～6 倍。未燃法烟尘为黑色，FeO 质量分数 60% 以上，烟尘接近灰尘，容易清除。

2.5.1.2　按除尘器分类

按所用除尘器的不同又可分为干法、半干法、湿法净化等。

（1）全干法处理。在净化过程中烟气完全不与水相遇，称为全干法净化系统。该法是利用高压静电除尘器来净化转炉煤气中的烟尘。从烟气中回收的铁可作为烧结厂的原料使用。

（2）湿法处理。烟气进入第一级净化设备就与水相遇，称为全湿法除尘系统。双文氏管净化即为全湿法除尘系统。在整个净化系统中，都是采用喷水方式来达到烟气降温和净化的目的。除尘效率高，但耗水量大，还需要处理大量污水和泥浆。

（3）干湿结合法。烟气进入次级净化设备与水相遇，称为干湿结合法净化系统。此法除尘效率稍差些，污水处理量较少，对环境有一定污染。

2.5.2　烟气烟尘回收系统

烟气烟尘回收系统的主要设备有烟罩、烟道、净化器、脱水器、静电除尘设备、除尘器、煤气回收系统等。

2.5.2.1　烟罩

（1）活动烟罩。为了收集烟气，在转炉上面装有烟罩。烟气经烟罩之后进入汽化冷却烟道或废热锅炉以利用废热，再经净化冷却系统。目前烟气处理多采用未燃法，因此要求烟罩能够上、下升降，以保证烟罩内外气压大致相等，既避免炉气的外逸恶化炉前操作环境，也不吸入空气而降低回收煤气的质量，因此在吹炼各阶段烟罩能调节到需要的间隙。吹炼结束出钢、出渣、加废钢、兑铁水时，烟罩能升起，不妨碍转炉倾动。当需要更换炉衬时，活动烟罩又能平移出炉体上方。这种能升降调节烟罩与炉口之间距离，或者既可升降又能水平移出炉口的烟罩称为"活动烟罩"。

1）裙式活动单烟罩。裙式活动单烟罩（见图 2-30），罩口内径略大于水冷炉口外缘，当活动烟罩下降至最低位置时，烟罩与炉口缝隙约为 50mm，使罩口内外形成合适的微压差，有利于回收煤气。

2）活动双烟罩。活动双烟罩由固定部分即下烟罩与升降部分即罩裙组成。下烟罩与罩裙通过水封连接，如图 2-31 所示。

（2）固定烟罩。固定烟罩即上部烟罩，固定烟罩装于活动烟罩与气化冷却烟道或废热锅炉之间，也是水冷结构件。固定烟罩上开设有三个孔，分别是散状材料投入孔、氧枪孔和副枪插入孔。为了防止烟气外逸，均采用蒸汽或氮气密封。

2.5.2.2　汽化冷却烟道

汽化冷却烟道（见图 2-32）起到回收热量及冷却烟气从而维护设备的作用。回收热量的介质是水。水经过软化处理及除氧处理。汽化冷却原理是汽化冷却烟道内由于汽化产生的蒸汽形成汽、水混合物，经上升管进入汽包，汽与水分离，汽水分离后，热水从下降管经循环泵，又被送入汽化冷却烟道继续使用。汽化冷却系统流程如图 2-33 所示。

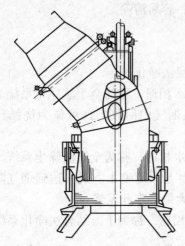

图 2-30　裙式活动单烟罩

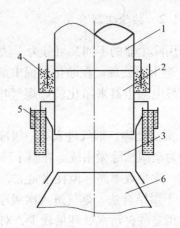

图 2-31　活动双烟罩

1—上部烟罩；2—下部烟罩；3—罩裙；

4—沙封；5—水封；6—转炉炉口

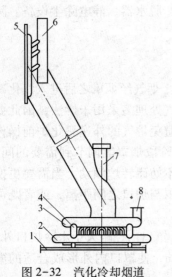

图 2-32　汽化冷却烟道

1—排污集管；2—进水集箱；3—进水总管；

4—分水管；5—出口集箱；6—出水（汽）总管；

7—氧枪水套；8—进水总管接头

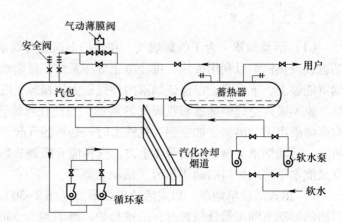

图 2-33　汽化冷却系统流程

汽化冷却烟道是用无缝钢管围成的筒形结构，其断面为方形或圆形，钢管的排列有水管式、隔板管式和密排管式，如图 2-34 所示。

2.5.2.3　文氏管净化器

文氏管净化器是一种湿法除尘设备，也兼有冷却降温作用。文氏管是当前效率比较高的湿法除尘净化设备。文氏管净化除尘原理是水流经雾化器雾化后，雾化水在喉口处形成水幕。煤气流经文氏管收缩段到达喉口时气流已加速，高速煤气冲击水幕，使水得到二次雾化，形成了小于或等于烟尘粒径 100 倍的细小水滴。细小水滴捕捉烟尘，在文氏管的喉

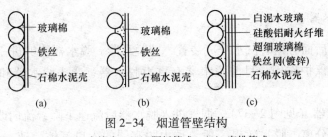

图 2-34　烟道管壁结构

（a）水管式；（b）隔板管式；（c）密排管式

口段和扩张段内相互撞击而凝聚成较大的颗粒。经过脱水器，使含尘水滴与气体分离，烟气得到降温与净化。

按文氏管的构造可分成定径文氏管和调径文氏管。在湿法净化系统中采用双文氏管串联，通常以定径文氏管作为一级除尘装置并加溢流水封，以调径文氏管作为二级除尘装置。

（1）溢流文氏管（见图 2-35）。溢流文氏管在低喉口流速和低压头损失的情况下不仅可以部分地除去煤气的灰尘，而且可以有效地冷却。它由煤气入口管、溢流水箱、收缩管、喉口和扩张管等几部分组成。溢流水箱是避免灰尘在干湿交接面集聚，防止喉口堵塞的必备措施。溢流水箱的水不断沿溢流口流入收缩段，以保证收缩段至喉口不断地有一层水膜，防止灰尘堵塞。

溢流文氏管的工作原理：当煤气以高速通过喉口时，与净化煤气的用水发生剧烈的冲击，使水雾化而与煤气充分接触，两者进行热交换后，煤气温度降低；同时，细颗粒的水使煤气中所带灰尘湿润而彼此凝聚沉降后，随水排除，以达到净化煤气的目的。

（2）调径文氏管（见图 2-36）。当喷水量一定的条件下，文氏管除尘器内水的雾化和烟尘的凝聚，主要取决于烟气在喉口处的速度。吹炼过程中烟气量变化很大，为了保持喉口烟气速度不变，以稳定除尘效率，采用调径文氏管，它能随烟气量变化相应增大或缩小喉口断面积，保持喉口处烟气速度一定。还可以通过调节风机的抽气量控制炉口微压差，确保回收煤气质量。

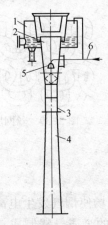

图 2-35　溢流文氏管

1—溢流水封；2—收缩段；3—喉口；
4—扩张段；5—碗形喷嘴；6—溢流供水管

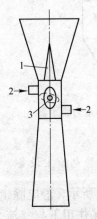

图 2-36　圆弧形—滑板调节文氏管

1—导流板；2—供水；3—可调阀板

2.5.2.4　脱水器

在湿法净化器后面必须有汽水分离装置，即脱水器。脱水器能够进一步净化烟气，同时对后续设备起到保护作用。目前脱水器有重力脱水器、弯头脱水器和丝网脱水器几种形式。

（1）重力脱水器（见图 2-37）。烟气进入脱水器后流速下降，流向改变，靠含尘水滴自身重力实现汽水分离，脱水效果一般。重力脱水器的入口气体流速一般不小于 12m/s，筒体内流速一般为 4~5m/s。

（2）弯头脱水器（见图 2-38）。含尘水滴进入脱水器后，受惯性及离心力作用，水滴被甩至脱水器的叶片及器壁，沿叶片及器壁流下，通过排污水槽排走。弯头脱水器按其弯曲角度不同，可分为 90° 和 180° 弯头脱水器两种。弯头脱水器能够分离粒径大于 30μm 的水滴，脱水效率可达 95%~98%。进口速度为 8~12m/s，出口速度为 7~9m/s，阻力损失为 294~490Pa。弯头脱水器中叶片多，则脱水效率高，但叶片多容易堵塞。

（3）丝网脱水器（见图 2-39）。丝网脱水器用于脱除雾状细小水滴，由于丝网的自由体积大，气体很容易通过，烟气中夹带的细小水滴与丝网表面碰撞，沿丝与丝交叉结扣处聚集逐渐形成大液滴脱离而沉降，实现汽、水分离。

丝网脱水器是一种高效率的脱水装置，能有效地除去粒径为 2~5μm 的雾滴。它阻力小、质量轻、耗水量少，一般用于风机前做精脱水设备。但丝网脱水器长期运转容易堵塞，一般每炼一炉钢冲洗一次，为防止丝网腐蚀，丝网材料选用不锈钢丝、紫铜丝或磷铜丝编织。

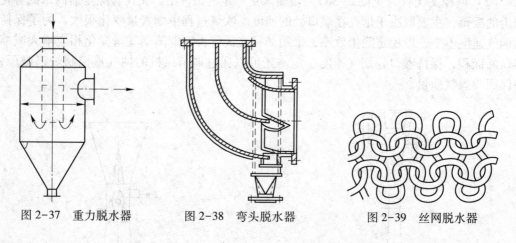

图 2-37　重力脱水器　　　　图 2-38　弯头脱水器　　　　图 2-39　丝网脱水器

2.5.2.5　静电除尘设备

如图 2-40 所示，静电除尘器的工作原理是利用高压电场使烟气发生电离，气流中的粉尘荷电在电场作用下与气流分离。负极由不同断面形状的金属导线制成，称为放电电极。正极由不同几何形状的金属板制成，称为集尘电极。静电除尘器的电源由控制箱、升压变压器和整流器组成。电源输出的电压高低对除尘效率也有很大影响。

静电除尘器与其他除尘设备相比，耗能少，除尘效率高，适用于除去烟气中 0.01~

$50\mu m$ 的粉尘，而且可用于烟气温度高、压力大的场合。实践表明，处理的烟气量越大，使用静电除尘器的投资和运行费用越经济。

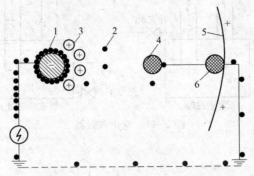

图 2-40　静电除尘器工作原理

1—放电电极；2—烟气电离后产生的电子；3—烟气电离后产生的正离子；
4—捕获电子后的尘粒；5—集尘电极；6—放电后的尘粒

2.5.2.6　布袋除尘器

布袋除尘器工作机理是含尘烟气通过过滤材料，尘粒被过滤下来，过滤材料捕集粗粒粉尘主要靠惯性碰撞作用，捕集细粒粉尘主要靠扩散和筛分作用。滤料的粉尘层也有一定的过滤作用。布袋除尘器的结构形式有以下几种。

（1）按滤袋的形状分为扁形袋（梯形及平板形）和圆形袋（圆筒形）。

（2）按进出风方式分为下进风上出风、上进风下出风和直流式（只限于板状扁袋）。

（3）按袋的过滤方式分为外滤式及内滤式。

2.5.2.7　煤气回收系统设备

（1）煤气柜。经过前期净化后的煤气储存在煤气柜中，以便后续使用。煤气柜犹如一个大钟罩扣在水槽中，随煤气进出而升降；通过水封使煤气柜内煤气与外界空气隔绝。

（2）水封器。水封器的作用是防止煤气外逸或空气渗入系统，阻止各污水排出管之间相互窜气，阻止煤气逆向流动，也可以调节高温烟气管道的位移，还可以起到一定程度的泄爆作用和柔性连接器的作用。因此它是严密可靠的安全设施。根据其作用原理分为正压水封、负压水封和连接水封。

逆止水封器是转炉煤气回收管路上防止煤气倒流的部件。其工作原理如图 2-41 所示。当气流 $p_1 > p_2$ 时，煤气流冲破水封从排气管排出，气流正常通过。当气流 $p_1 < p_2$ 时，水封器水液面下降，水被压入进气管中阻止煤气倒流。

（3）煤气柜自动放散装置。图 2-42 所示是煤气柜的自动放散装置示意图。它是由放散阀、放散烟囱、钢绳等组成。

钢绳的一端固定在放散阀顶上，经滑轮导向，另一端固定在第三级煤气柜边的一点上。当气柜上升至储存量时，钢绳 2 呈拉紧状态，提升放散阀 5，脱离水封面而使煤气从放散烟囱 6 放散。当储存量小于额定值时，放散阀在自重下落在水封中，钢绳呈松弛状，从而稳定煤气柜的储存量。

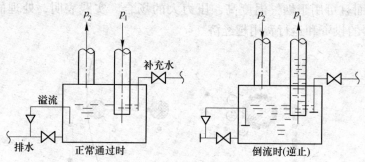

图 2-41　逆止水封器

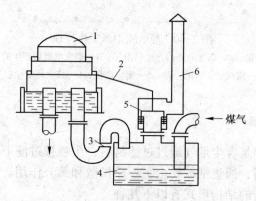

图 2-42　煤气柜自动放散装置
1—煤气柜；2—钢绳；3—正压连接水封；4—逆止水封；5—放散阀；6—放散烟囱

 习 题

2-1　氧气顶吹转炉炉型有哪几种？简述其特点及应用。

2-2　简述转炉炉体支承系统中托圈的作用及类型。

2-3　铁水的供应有哪几种？简述其特点。

2-4　简述氧枪的作用及结构组成。

2-5　除尘器是如何分类的？简述其含义及特点。

2-6　简述溢流文氏管的工作原理。

2-7　脱水器的作用是什么？简述常用脱水器类型及脱水原理。

模块 3　连续铸钢生产技术

任务 3.1　初识连续铸钢生产

3.1.1　模铸与连铸

在生产各类钢铁产品过程中，使钢水凝固成型有两种方法，分别是模铸法和连续铸钢法。铸钢的任务是将成分合格的钢液铸成适合于轧钢和锻压加工所需要的一定形状的钢块（连铸坯或钢锭）。铸坯或铸锭是炼钢产品最终成形的工序。

模铸是将钢液注入铸铁制作的钢锭模内，冷却凝固成钢锭的工艺过程。

连铸是将钢液不断地注入水冷结晶器内，获得连续铸坯的工艺过程。

模铸由于准备工作复杂，综合成材率较低，能耗高，劳动强度大，生产率低，目前已基本被连铸所取代。连铸的出现从根本上改变了一个世纪以来占统治地位的钢锭—初轧工艺，由于连铸所具有的一系列优越性，使得它自 20 世纪 70 年代大规模应用于工业生产以来得到了迅猛的发展。

3.1.2　连铸主要设备

连铸生产主要设备包括钢包（钢水包）、钢包运载装置、中间包（中间罐）、中间包运载装置、结晶器、结晶器振动装置、二次冷却装置、拉坯矫直机、引锭装置、切割装置和铸坯运出装置等部分组成。二流连铸机示意如图 3-1 所示。

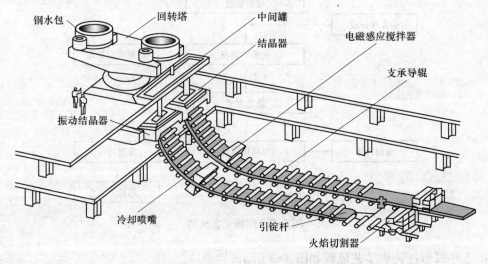

图 3-1　二流连铸机示意

3.1.3　连铸工艺

从炼钢炉出来的钢液注入钢包内，经二次精炼处理后被运到连铸机上方，钢液通过钢包底部的水口注入中间包内。中间包水口的位置被预先调好以对准下面的结晶器。打开中间包塞棒（或滑动水口）后，钢液流入引锭杆头封堵的水冷结晶器内。在结晶器内，钢液沿其周边逐渐冷凝成坯壳。当结晶器下端出口处坯壳有一定厚度时，同时启动拉坯机和结晶器振动装置，使带有液芯的铸坯进入由若干夹辊组成的弧形导向段。铸坯在此一边下行，一边经受二次冷却区中许多按一定规律布置的喷嘴喷出雾化水的强制冷却，继续凝固。在引锭杆出拉坯矫直机后，将其与铸坯脱开。待铸坯被矫直且完全凝固后，由切割装置将其切成定尺铸坯，最后由出坯装置将定尺铸坯运到指定地点。随着钢液的不断注入，铸坯不断向下伸长，并被切割运走，形成了连续浇注的全过程。

连铸工艺流程如图3-2所示。

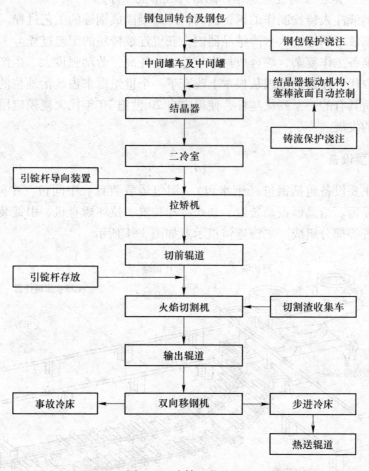

图3-2　连铸工艺流程

小方坯弧形连铸机工艺流程如图3-3所示。

板坯弧形连铸机工艺流程如图3-4所示。

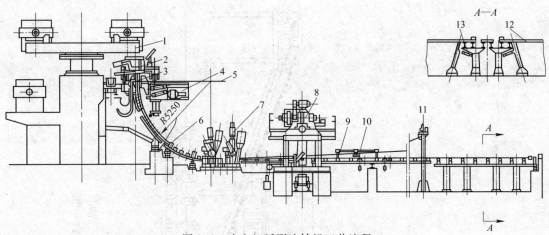

图 3-3 小方坯弧形连铸机工艺流程

1—钢包回转台；2—中间包及小车；3—结晶器；4—结晶器振动装置；

5—浇注平台；6—二冷装置；7—拉矫机；8—机械剪；9—定尺装置；

10—引锭杆存放装置；11—引锭杆跟踪装置；12—冷床；13—推钢机

3.1.4 连铸机的分类

（1）按结晶器的运动方式分类。按结晶器的运动方式连铸机分为固定式（即振动式）和移动式两类。前者是现在生产上常用的以水冷、底部敞口的铜质结晶器为特征的"常规"连铸机；后者是轮式、轮带式等结晶器随铸坯一起运动的连铸机。

（2）按连铸机结构外形分类。按连铸机结构外形分为立式连铸机、立弯式连铸机、弧形连铸机、水平连铸机等。弧形连铸机有直结晶器多点弯曲型、直结晶器弧形、弧形、多半径弧形等形式，图 3-5 为各种形式连铸机机型的示意图。

（3）按铸坯断面形状和大小分类。按铸坯断面形状和大小分为方坯连铸机、板坯连铸机、圆坯连铸机、异型坯连铸机、方/板坯兼用连铸机和薄板坯连铸机等。

方坯连铸机分为小方坯、大方坯和矩形断面方坯连铸机三种。其中断面不大于 150mm×150mm 的称为小方坯连铸机；断面大于 150mm×150mm 的称为大方坯连铸机；矩形断面的长边与宽边之比小于 3 的称为矩形断面方坯连铸机。

铸坯断面为长方形，且宽厚比一般在 3 以上称为板坯连铸机。

铸坯断面为圆形的称为圆坯连铸机。

浇注异形断面，如空心管等称为异型坯连铸机。

在一台铸机上，既能浇板坯，也能浇方坯的称为方/板坯兼用连铸机。

铸坯厚度为 40~80mm 的称为薄板坯连铸机。

（4）按钢水静压头分类。按铸机垂直高度（H）与铸坯厚度（D）比值的大小，可将连铸机分为高头型、标准头型、低头型和超低头型 4 种。

$H/D>50$，铸机机型为立式或立弯式为高头型。

H/D 为 40~50，铸机机型为带直线段的弧形或弧形的为标准头型。

H/D 为 20~40，铸机机型为弧形或椭圆形的为低头型。

$H/D<20$，铸机机型为椭圆型为超低头型。

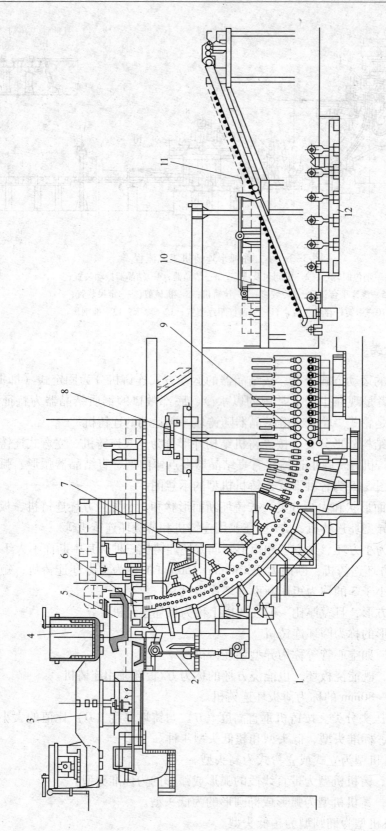

图3-4　板坯弧形连铸机工艺流程

1—二冷装置下框架；2—结晶器振动装置；3—钢包回转台；4—钢包；5—中间包；6—结晶器；
7—喇叭形段；8—多辊拉矫机；9—切点辊；10—引锭杆存放台架；11—引锭杆；12—输出辊道

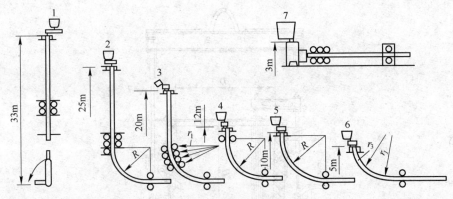

图 3-5 连铸机机型示意

1—立式连铸机；2—立弯式连铸机；3—直结晶器多点弯曲连铸机；4—直结晶器弧形连铸机；
5—弧形连铸机；6—多半径弧形（椭圆形）连铸机；7—水平连铸机

3.1.5 连铸的优点

与传统的模铸相比，连铸有以下几方面的优势。

（1）简化了生产工序，缩短了工艺流程。

（2）提高了金属收得率。

（3）降低了能源消耗。

（4）生产过程机械化、自动化程度高。

（5）连铸钢种扩大，产品质量日益提高。

目前，连铸尚不能完全代替模铸生产，在大力发展连铸的同时，仍需要保留部分模铸的生产方式。

任务 3.2 钢包及钢包回转台

3.2.1 钢包

3.2.1.1 钢包作用

钢包又称盛钢桶、钢水包、大包等。钢包的作用有盛放、运载、精炼、浇注钢水，还具备倾翻，倒渣等作用。

3.2.1.2 钢包结构

钢包主要由钢包本体、耐火衬和水口启闭控制机构等装置组成。如图 3-6 所示。

（1）钢包本体。钢包本体由外壳、加强箍、耳轴、溢渣口、注钢口、透气口、倾翻装置部件、支座和氩气配管等组成。

1）外壳。外壳是钢包的主体构架，由钢板焊接而成，在外壳钢板上加工一定数量的排气孔，用于排放耐火衬中的湿气。

2）加强箍。为了保证钢包的坚固性和刚度、防止钢包变形，必须在钢包外壳焊有加

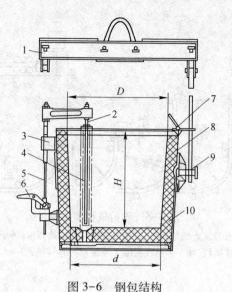

图 3-6　钢包结构

1—龙门钩；2—叉形接头；3—导向装置；4—塞杆铁心；5—滑杆；
6—把柄；7—保险挡铁；8—外壳；9—耳轴；10—内衬

强箍和加强筋。大、中型钢包可在中上部、中下部各焊接一条加强箍，小型钢包在腰部焊接一条加强箍。

3）耳轴。在钢包的两侧各装一个耳轴，用于吊运钢包。耳轴位置一般比钢包满载时的重心高 350~400mm，保证钢包在吊运、浇注过程中保持稳定。

4）溢渣口。设置溢渣口使出钢时钢包内的炉渣流入已备好的渣包内。溢渣口的高度比钢包上沿低 100~200mm，其位置应与耳轴错开，以免干扰钢包的吊运。

5）钢包水口。在钢包底部一侧设置一个钢包水口，它可使钢水流出，又称注钢口。钢包水口有普通水口和滑动水口两种形式。如图 3-7 所示。通过两块带水口孔的上、下滑板砖之间相对移动，实现开闭、调节钢水流量大小的目的。

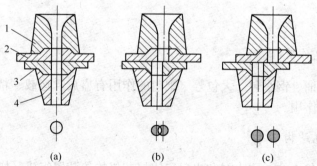

图 3-7　滑动水口控制原理示意

（a）全开；（b）半开；（c）全闭

1—上水口；2—上滑板；3—下滑板；4—下水口

两滑板式滑动水口机构根据其滑板滑动方式可分为推拉式滑动水口机构和旋转式滑动水口机构两种形式。推拉式滑动水口机构只有一个下水口，下滑板砖在滑动时作直线往复移动；旋转式滑动水口机构设有 2~3 个不同孔径的下水口，钢流大小的调节可以通过更换下水口的方式来实现，下滑板砖在滑动时作顺时针或逆时针圆周转动。

6）透气口。在钢包底部可根据需要设置 1~2 个透气口，主要用于安装吹氩搅拌用的透气砖。

7）倾翻装置。倾翻装置可将钢包翻转 180°，完成倒渣和倒钢作业。它由连杆机构和吊环装置组成。

8）支座。在钢包底部一般设置 3 个支座，它既可保持钢包的平稳放置，又能保护钢包底部的倾翻装置以及滑动水口机构。

9）氩气配管。具有透气口的钢包可在钢包外壳设置氩气配管和快速接头，以便操作人员接插或者拔除氩气输送管路。

（2）耐火衬。钢包内衬外层是保温层，中间是永久层，里层是工作层。

1）保温层。保温层的作用是保温，减少钢水的热量传到钢包外壳。常用石棉板或多晶耐火纤维板砌筑。

2）永久层。永久层也称非工作层，一般采用黏土砖或高铝砖砌筑，有时采用整体浇注成形，永久层的作用是当工作层的厚度侵蚀到较薄时，防止钢水穿漏而烧坏外壳，造成事故。

3）工作层。工作层直接与钢水、渣液接触，因此承受高温、化学侵蚀、机械冲刷与急冷急热影响，当损坏到一定程度时必须予以拆修、更换。工作层一般采用高铝砖、镁碳砖、铝镁砖或者采用铝镁材料整体浇注成型。为了增加钢包的有效容积和提高耐火衬的使用寿命，可将钢包的工作层砌筑成阶梯形。如图 3-8 所示，可以增加包底工作层的厚度，以达到工作层各处均衡侵蚀的目的。

（3）长水口。长水口又名保护套管，主要用于钢包与中间包之间，其作用是防止从钢包进入中间包的钢水被二次氧化和飞溅。

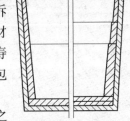

图 3-8 阶梯形
工作层简图

1）长水口类型。目前常用的长水口有熔融石英质和铝碳质两种。

①熔融石英质长水口。这类长水口的特点是：抗热冲击性好，有较高的机械强度，化学稳定性好。这种长水口适用于浇注一般钢种，不适宜浇注锰含量较高的钢种，否则使用寿命会降低。

②铝碳质长水口。这类水口主要是由刚玉和石墨为主要原料制成的产品。它的特点是对钢种的适应性强，特别适合于浇注特殊钢，对钢水污染小。该水口的材质，还可以根据浇注时间的长短和钢种进行调整，或复合一层其他高耐侵蚀的材料，以提高水口的使用寿命。

2）长水口的安装。长水口的安装目前主要采用杠杆式固定装置，如图 3-9 所示。在钢包引流开浇正常后，旋转长水口与钢包滑动水口的下水口对接，加上平衡重物，使长水口与钢包下水口紧密接触。连接吹氩密封套，并供氩气对长水口连接处进行氩封。

3.2.2 钢包回转台

3.2.2.1 位置与作用

钢包回转台设置在炼钢车间出钢跨与连铸浇注跨之间，其作用是存放、支承钢包；浇

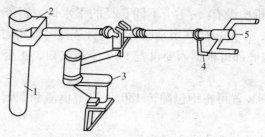

图 3-9 长水口的安装示意

1—长水口；2—托圈；3—支座；4—配重；5—操作杆

注过程可通过转动，实现钢包之间交换、并转送至中间包的上方，为多炉连浇创造条件。如图 3-10 所示。

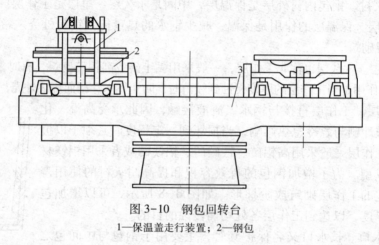

图 3-10 钢包回转台

1—保温盖走行装置；2—钢包

钢包回转台能够在转臂上同时承放两个钢包，一个用于浇注，另一个处于待浇状态。浇注前用钢水接受跨内的吊车将装满钢水的钢包放在回转台上，通过回转台回转使钢包停在中间包上方供应钢水。浇注完的空包则通过回转台回转运回到钢水接受跨，从而实现钢液的异跨运输。回转台可以减少换包时间，有利于实现多炉连浇，对连铸生产进程的干扰少，占地面积小。

3.2.2.2 钢包回转台类型

钢包回转台有整体直臂式和双臂单独式等两类，如图 3-11 所示。

图 3-11（a）为直臂整体旋转升降式，两个钢包坐落在同一直臂的两端，同时作回转和升降运动。图 3-11（b）为双臂整体旋转单独升降式，这种形式的回转台支承两个钢包的转臂是一个刚性整体，故结构简单，维修方便，成本低，应用广。图 3-11（c）为双臂单独旋转单独升降式，这种形式的回转台支承两个钢包的转臂相互独立，且可分别作回转、升降运动，故操作灵活，但结构复杂，维修困难，成本高。

3.2.2.3 钢包回转台结构

钢包回转台主要由钢结构部分、回转驱动装置、回转夹紧装置、升降装置、称量装置、润滑装置及事故驱动装置等部件组成。蝶形钢包回转台结构如图 3-12 所示。

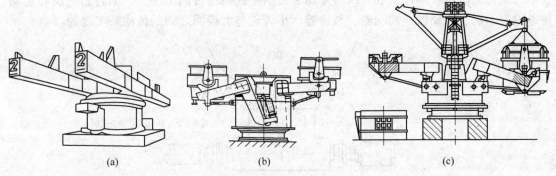

图 3-11 钢包回转台类型图

（a）直臂整体旋转升降式；（b）双臂整体旋转单独升降式；（c）双臂单独旋转单独升降式

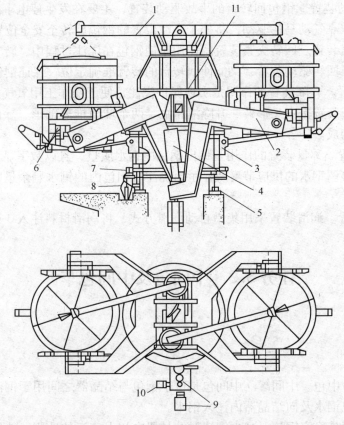

图 3-12 蝶形钢包回转台结构

1—钢包盖装置；2—叉形臂；3—旋转盘；4—升降装置；5—塔座；6—称量装置；
7—回转环；8—回转夹紧装置；9—回转驱动装置；10—气动马达；11—背承梁

（1）钢结构部分。钢结构部分由叉型臂、旋转盘与上部轴承座、回转环和机座等组成。叉型臂是由钢板焊接而成，其上设置称量装置；上部轴承座内装配 3 列滚子轴承。

（2）回转驱动装置。回转驱动装置如图 3-13 所示。它由电动机、气动马达、减速器及小齿轮与大齿圈等部件组成。回转驱动装置固定在回转台的机座上，回转台的旋转运动是通过电动机、联轴器、制动器、减速器、小齿轮与大齿圈之间的传动来实现的。

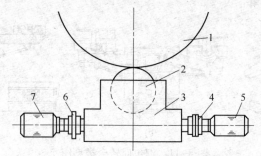

图 3-13　回转驱动装置

1—大齿轮；2—小齿轮；3—减速器；4—联轴器；5—电动机；6—离合器；7—气动马达

（3）事故驱动装置。钢包回转台的事故驱动装置，主要在发生停电事故或其他紧急情况时才使用，它依靠气动马达驱动，将处于浇注位置的钢包旋转至安全位置。

（4）回转夹紧装置。回转夹紧装置的作用是使钢包在浇注过程中，转臂位置不发生移位，这样既保护了回转驱动装置，又能使回转台的转臂准确定位，保证钢包的浇注安全。

（5）升降装置。升降装置的作用是实现保护浇注，便于操作工用氧气加热水口及快速更换中间包。升降装置是由叉形臂、升降液压缸、两个球面推离轴承、导向连杆、支承的钢结构等零部件构成。

（6）称量装置。称量装置的作用是称出钢包中钢水质量，且以数字显示出来。这样在多炉连浇时，能协调钢水的供应节奏及显示出浇注后钢包内的钢水剩余量，以防止钢渣流入中间包。

（7）润滑装置。润滑装置采用集中自动润滑方式，将润滑材料注入 3 列滚子轴承及大齿圈等部件内。

任务 3.3　中间包及中间包车

3.3.1　中间包

3.3.1.1　作用

中间包也称为中包、中间罐。中间包是位于钢包与结晶器之间用于钢液浇注的过渡装置，用于接受钢包钢水及向结晶器内注入钢水。

中间包的作用是稳定钢流，减少钢流对结晶器中初生坯壳的冲刷；能储存钢水，并保证钢水温度均匀；使非金属夹杂物分离、上浮；在多流连铸机上，中间包把钢水分配给各支结晶器，起到分流的作用；在多炉连浇过程中，中间包内储存的钢水在更换钢包时能起衔接作用，从而保证了多炉连浇的正常进行。

3.3.1.2　中间包的类型

（1）按中间包断面形状分类。按中间包断面形状分为圆形、椭圆形、三角形、矩形和 T 形等，如图 3-14 所示。

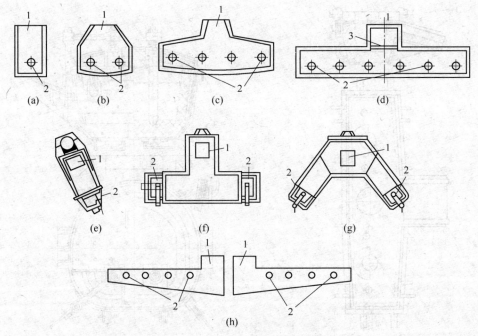

图 3-14　中间包各种断面形状示意

（a），（e）单流；（b），（f），（g）双流；（c）四流；（d）六流；（h）八流

1—钢包注流位置；2—中间包；3—挡渣墙

（2）按水口流数分类。按水口流数可分单流、多流等，如图 3-14 所示。中间包的水口流数一般为 1~5 流。

3.3.1.3　中间包的结构

中间包是由钢板焊接的壳体，其内衬砌有绝热层、永久层和工作层，包的两侧有吊钩和耳轴，便于吊运；耳轴下面还有坐垫，以稳定的坐在中间包车上。

结构主要由本体、包盖及水口控制等装置组成，矩形中间包如图 3-15 所示，三角形中间包如图 3-16 所示。

A　中间包本体

中间包本体是存放钢水的容器，它主要由中间包壳体和耐火衬等零部件组成。

（1）中间包壳体。中间包壳体是由钢板焊接而成的箱形结构件，中间包的壳体采用钢板焊接而成，为了在高温状态下搬运、翻包和清理时不变形，壳体外部焊有加固圈和加强筋，并在两侧和端头焊有经过加工的锻钢耳轴，用来支承和吊运中间包。在中间包壳体的两侧或四周焊接吊耳或吊环；另外还设置钢水溢流孔、出钢孔，在壳体钢板上钻削许多排气孔。

（2）中间包耐火衬。中间包耐火衬由工作层、永久层和绝热层等组成。其中绝热层用石棉板、保温砖砌筑而成；永久层用黏土砖砌筑，或用浇注料整体浇注成型；工作层用绝热板或用耐火涂料喷涂。工作层与钢液直接接触，可用高铝砖、镁质砖砌筑；也可用硅质绝热板、镁质绝热板或镁橄榄石质绝热板组装砌筑；还可以在工作层砌砖表面喷涂一层涂料，涂料有高铝质、镁质和镁铬质等材料。

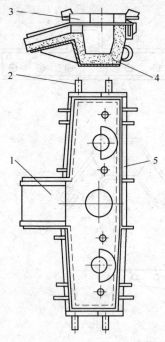

图 3-15　矩形中间包

1—溢流槽；2—吊耳；3—中间包盖；

4—耐火衬；5—壳体

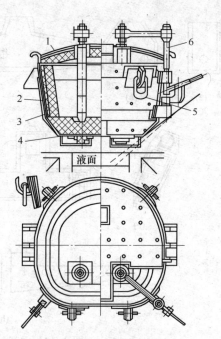

图 3-16　三角形中间包

1—中间包盖；2—耐火材料；3—壳体；

4—水口；5—吊环；6—水口控制机构

中间包上还设有溢流槽，当钢包注流失控时，可使多余的钢液流出。

B　中间包盖

中间包盖的作用是保温、防止中间包内的钢水飞溅，减少邻近设备受到罐内钢水高温辐射、烘烤的影响。中间包盖是用钢板焊接而成，内衬砌筑耐火材料；或用耐热铸铁铸造而成。在中间包盖上设置钢水注入孔、塞棒孔、中间包烘烤孔、测温孔及吊装用吊环。

C　中间包水口控制装置

中间包水口控制装置负责控制水口的开闭，控制从中间包流入到结晶器的钢流大小，通常采用塞棒、滑动水口、浸入式水口等装置来进行控制。根据所浇钢种，选择合适的钢流控制方式，对于高效生产连铸坯是非常重要的。

a　塞棒装置

（1）塞棒装置作用与结构。塞棒是装在盛钢桶内靠升降位移控制水口开闭及钢水流量的耐火材料棒，又称陶塞杆。它由棒芯、釉砖和塞头砖组成。棒芯通常由普碳钢圆钢加工而成，上端靠螺栓与升降机构的横臂连接，下端靠螺纹或销钉与塞头砖连接，中间套釉砖。图 3-17 为塞棒装置示意图。

（2）塞棒控制机构。塞棒控制机构可以为手动，也可以自动控制。自动控制采用液压缸或电机，可以与结晶器液面控制联动，以达到控制钢水流量的目的。通过操纵拨杆使扇形齿轮转动，带动升降杆上下移动，或者操纵杆在滑轨内移动，从而带动横梁和塞杆上下运动，以达到关闭和开启水口调节钢水流量。

（3）塞棒类型。与浸入式水口匹配的塞棒，主要有以下两种类型。

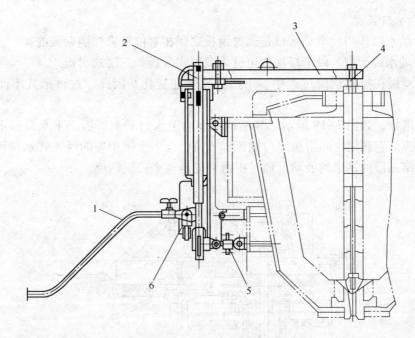

图 3-17　中间包塞棒装置

1—操纵手柄；2—升降滑杆；3—横梁；4—塞棒芯杆；5—支架调整装置；6—扇形齿轮

1）组合型塞棒。即棒身为高铝质或堇青石质釉砖，与铝碳质或其他材料的棒头组合。如图 3-18（a）所示。

2）整体塞棒。棒身与棒头直接成型在一起，成为一体。目前常见的铝碳质整体塞棒，其棒头材质有高铝碳质、铝锆碳质和镁碳质或其他材质。

（4）塞棒结构。

1）盲头型。棒头为实心的，如图 3-18（b）所示。

2）吹氩型。在塞棒头部带有吹氩孔，如图 3-18（c）所示。

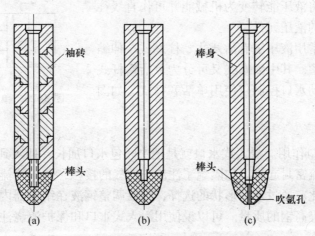

图 3-18　塞棒装置

（a）组合型；（b）盲头型；（c）吹氩型

　　b　滑动水口装置

　　(1) 滑动水口作用。滑动水口是通过滑板之间相对位置来控制钢流的。

　　(2) 滑动水口类型。以滑板块数可分为双层式滑板和三层式滑板。

　　双层式滑板在控制钢流过程中，下滑板位置在变化。因此，这种形式不能用于中间包上。

　　三层式滑板，如图 3-19 所示。其结构主要由上水口和上滑板、下水口和下滑板及中间滑板等组成。它利用中间滑板进行截流和节流，与下滑板相连的浸入式水口可以固定不动，以避免结晶器内钢水的波动，通过中滑板的运动来控制钢流。

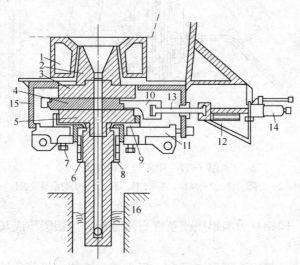

图 3-19　三层式滑动水口示意

1—座砖；2—上水口；3—上滑板；4—滑动板；5—下滑板；6—浸入式水口；7—螺栓；8—夹具；
9—下滑套；10—滑动框架；11—盖板；12—刻度；13—连杆；14—油缸；15—水口箱；16—结晶器

　　(3) 滑动水口驱动。滑动水口驱动方式有液压、电动和手动三种，国内最常见的为液压驱动。液压缸是将液压能转变为机械能并可作直线往复运动或摆动运动的液压元件。

　　根据机构形式常用液压缸有活塞式、柱塞式、伸缩式和摆动式 4 种类型。其中活塞式又可分为单活塞杆式和双活塞杆式。滑动水口控制仅使用单活塞杆式，如图 3-20 所示。

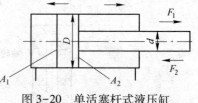

图 3-20　单活塞杆式液压缸

　　c　浸入式水口

　　(1) 浸入式水口作用。浸入式水口就是把中间包水口加长，插入到结晶器钢液面下一定的深度，把浇注流密封起来。它隔绝了注流与空气的接触，防止注流冲击到钢液面引起飞溅，杜绝二次氧化。通过水口形状的选择，可以调整钢液在结晶器内的流动状态，以促进夹杂物的分离，提高钢的质量。可以说使用浸入式水口和保护渣浇注，对连铸技术的发展起了积极的作用。

　　(2) 浸入式水口类型。

　　1) 按照材质可分为熔融石英质浸入式水口和铝碳质浸入式水口。随着连铸技术的发展，还有铝锆碳质、锆钙碳质、尖晶石质、高铝碳质浸入式水口。

2）按浸入式水口的形状和出口形式分类浸入式水口可分为 3 种类型：直孔式、侧孔式和箱式。3 种类型的浸入式水口如图 3-21 和图 3-22 所示。

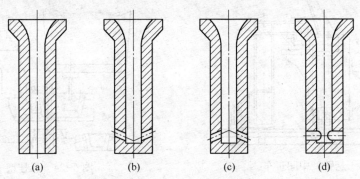

图 3-21 直孔式、侧孔式浸入式水口

（a）单孔直筒形水口；（b）侧孔向上倾斜状水口；（c）侧孔向下倾斜呈倒 Y 形水口；（d）侧孔呈水平状水口

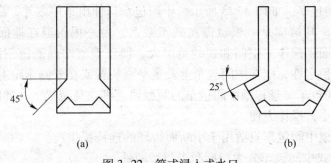

图 3-22 箱式浸入式水口

（a）单孔直筒型；（b）双侧孔型

（3）浸入式水口应用。

1）直孔式水口一般用于方坯或矩形坯。

2）侧孔式水口主要用于板坯，其侧孔倾角为向上、向下或呈水平。

3）箱式水口较少见，其水口横断面呈矩形，可用于大型板坯或宽厚比大的板坯。

3.3.2 中间包车

中间包车设置在连铸浇注平台上，一般每台连铸机配备两台中间包车，互为备用，当一台浇注时，另一台处于加热烘烤位置。利于快速更换中间包，提高连铸机作业率。

3.3.2.1 作用

中间包车是用来支承、运输、更换中间包的设备；车的结构要有利于浇注、捞渣和烧氧等操作；同时还应具有横移、升降调节和称量功能。

3.3.2.2 类型

中间包车按中间包水口、中间包车的主梁和轨道的位置，分为悬吊式和门式两种类型。

（1）悬吊式。悬吊式分为悬臂型和悬挂型两种，如图 3-23 和图 3-24 所示。

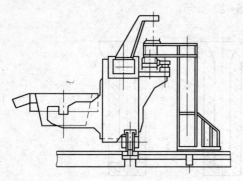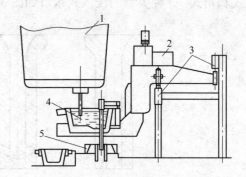

图 3-23　悬臂型中间包车　　　　　　　　　图 3-24　悬挂型中间包车

1—钢包；2—悬挂型中间包小车；

3—轨道梁及支架；4—中间包；5—结晶器

1）悬臂型中间包车。如图 3-23 所示，中间包水口伸出车体之外，浇注时中间包车位于结晶器的外弧侧；其结构是一根轨道在高架梁上，另一根轨道在地面上。小车行走迅速，同时结晶器上面供操作的空间和视线范围大，便于观察结晶器内钢液面，操作方便；为保证中间包车的稳定性，应在中间包车上设置平衡装置或在外侧车轮上增设护轨。

2）悬挂型中间包车。悬挂型中间包车的两根轨道都在高架梁上，如图 3-24 所示，对浇注平台的影响最小，操作方便。

悬臂型和悬挂型中间包车只适用于小断面铸坯的连铸机生产。

（2）门式。门式中间包车分为门型和半门型两种。

1）门型中间包车。如图 3-25 所示，轨道布置在结晶器的两侧，重心处于车框中，安全可靠。门型中间包车适用于大型连铸机。

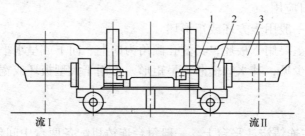

图 3-25　门型中间包车

1—升降装置；2—运行装置；3—中间包

2）半门型中间包车。如图 3-26 所示，它与门型中间包车的最大区别是布置在靠近结晶器内弧侧，浇注平台上方的钢结构轨道上。

3.3.2.3　驱动装置

中间包车的驱动装置如图 3-27 所示。

中间包车走行装置一般是两侧单独驱动，并有自动停车定位装置。小型铸机由于中间

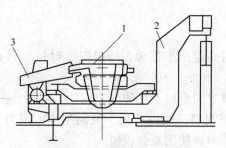

图 3-26　半门型中间包车
1—中间包；2—中间包小车；3—溢流槽

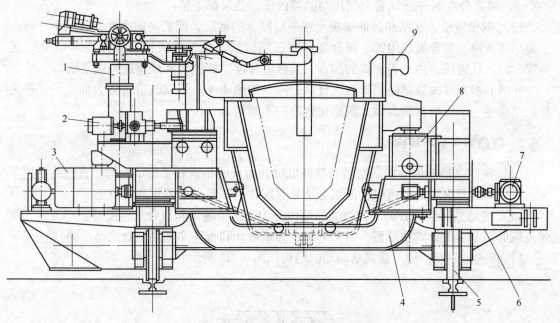

图 3-27　中间包车的驱动装置
1—长水口安装装置；2—对中微调驱动装置；3—升降电动机；4—升降框架；5—走行车轮；
6—中间包车车架；7—升降传动伞齿轮箱；8—称量装置；9—中间包

包车行程短，可单侧驱动。

中间包的升降机构有电动或液压驱动两种。两侧升降一定要同步，应有自锁定位功能；特别是在钢包回转台处于"下降"位置时，中间包升降操作应有连锁保护。

中间包横向微调动作，目前大多数采用蜗轮蜗杆来完成。

任务 3.4　结　晶　器

结晶器是一个水冷的钢锭模，是连铸机的核心部件，被称为连铸设备的心脏。钢液在结晶器内冷却、初步凝固成型，且均匀形成具有一定厚度的坯壳，通过结晶器的振动，使坯壳脱离结晶器壁而不被拉断和漏钢，使铸坯不产生脱方、鼓肚和裂纹等缺陷，结晶器采用冷却水冷却，通常称为一次冷却。

3.4.1　结晶器内壁材质

由于结晶器内壁直接与高温钢水接触，所以内壁材料应具有导热性好，足够的强度、耐磨性、塑性及可加工性。

结晶器内壁使用的材质主要有以下几种。

（1）铜。结晶器的内壁材料一般由紫铜、黄铜制作，因为它具有导热性好，易加工，价格便宜等优点，但耐磨性差，使用寿命较短。

（2）铜合金。在铜中加入一定含量的银，就能提高结晶器内壁的高温强度和耐磨性。在铜中加入一定含量铬或加入一定量的磷，可显著提高结晶器的使用寿命。还可以使用铜-铬-锆-砷合金或铜-锆-镁合金制作结晶器内壁，效果都不错。

（3）铜板镀层。在结晶器的铜板上镀一定厚度的镀层，能提高耐磨性；目前单一镀层主要用铬或镍，复合镀层用镍、镍合金和铬三层镀层，比单独镀镍寿命提高 5~7 倍；还有镍、钨、铁镀层，由于钨和铁的加入，其强度和硬度都适合高拉速连铸机使用。

在结晶器弯月面处镶嵌低导热性材料，减少传热速度，可以改善铸坯表面质量，称为热顶结晶器。镶嵌的材料有镍、碳铬化合物和不锈钢。

3.4.2　结晶器类型与结构

（1）按结晶器外形分类。按结晶器外形可分为直结晶器和弧形结晶器。直结晶器用于立式、立弯式及直弧形连铸机；而弧形结晶器用在全弧形和椭圆形连铸机上。

（2）按结晶器结构分类。按结晶器结构分为管式结晶器和组合式结晶器。小方坯、圆坯及矩形坯多采用管式结晶器，而大方坯、大矩形坯和板坯多采用组合式结晶器。

1）管式结晶器结构。管式结晶器的结构如图 3-28 所示。

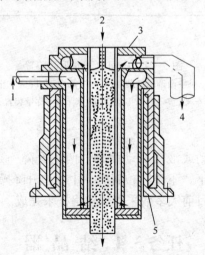

图 3-28　管式结晶器
1—冷却水入口；2—钢液；3—夹头；4—冷却水出口；5—油压缸

内管为冷拔异形无缝铜管，外面套有钢质外壳，铜管与钢套之间留有缝隙通冷却水，即冷却水缝。铜管和钢套可以制成弧形或直形。铜管的上口通过法兰用螺钉固定在钢质的外壳上，铜管的下口一般为自由端，允许热胀冷缩；但上下口都必须密封，不能漏水。结晶器外套是圆筒形的。外套中部有底脚板，将结晶器固定在振动框架上。

管式结晶器结构简单，易于制造、维修，广泛应用于中小断面铸坯的浇注。

2）组合式结晶器。组合式结晶器结构如图 3-29 所示。

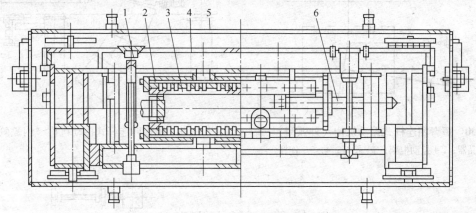

图 3-29　组合式结晶器

1—调厚与夹紧机构；2—窄面内壁；3—宽面内壁；4—结晶器外框架；5—振动框架；6—调宽机构

组合式结晶器是由 4 块复合壁板组合而成。每块复合壁板都是由铜质内壁和钢质外壳组成。在与钢壳接触的铜板面上铣出许多沟槽形成中间水缝。复合壁板用双螺栓连接固定，冷却水从下部进入，流经水缝后从上部排出。4 块壁板有各自独立的水冷却系统。在 4 块复合壁板内壁相结合的角部，垫上带倒角的铜片，以防止铸坯角裂。

3.4.3　结晶器振动装置

3.4.3.1　作用

结晶器的振动装置用于支撑结晶器；并使其上下往复振动以防止坯壳与结晶器黏结而被拉裂；且有利于保护渣在结晶器壁的渗透，保证结晶器充分润滑和顺利脱模。

结晶器的振动装置位于结晶器下方，直接承载着结晶器，并使结晶器在浇注时按一定运动轨迹和规律不间断地上下移动，防止铜板与钢水黏合。

3.4.3.2　振动机构类型

常用的振动机构有短臂四连杆式振动机构、四偏心轮式振动机构和差动齿轮式振动机构等。

（1）短臂四连杆式振动机构。短臂四连杆振动机构广泛应用于小方坯和大板坯连铸机上，只是小方坯连铸机振动机构多装在内弧侧；而大板坯连铸机振动机构安装在外弧侧。如图 3-30 和图 3-31 所示。短臂四连杆振动机构的结构简单，便于维修，能够较准确地实现结晶器的弧线运动，有利于铸坯质量的改善。

四连杆机构工作原理可参看图 3-30，由电机通过减速机经偏心轮的传动，拉杆 3 做往复运动，拉杆 3 带动连杆 4 摆动；连杆 5 也随之摆动，使振动框架 2 能按弧线轨迹振动。

（2）四偏心振动机构。四偏心振动机构，仍属于正弦振动，如图 3-32 所示。

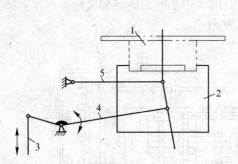

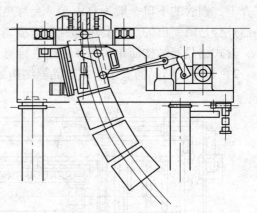

图 3-30　短臂四连杆式振动机构（外弧侧）　　　　图 3-31　短臂四连杆式振动机构（内弧侧）
1—结晶器；2—振动框架；3—拉杆；4，5—连杆

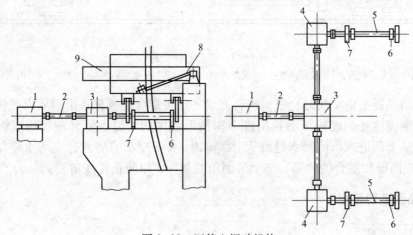

图 3-32　四偏心振动机构
1—电动机；2—万向接轴；3—中心减速机；4—角部减速机；5—偏心轴；6，7—偏心轮；8—弹簧板；9—振动台框架

　　电动机 1 带动中心减速机 3，通过万向轴带动左右两侧的减速机 4，每个减速机各自带动偏心轮 6 和 7；偏心轮 6 和 7 具有同向偏心点，但偏心距不同；结晶器弧线运行是利用两条板式弹簧 8，一端连接在振动台框架 9 上，另一端连接在振动装置恰当的位置上，来实现弧形振动。这种板式弹簧使得振动台只能做弧线摆动，不会前后移动，由于结晶器振幅不大，两根偏心轴的水平安装，不会引起明显的误差。

　　四偏心振动机构的优点是结晶器振动平稳，无摆动和卡阻现象，适合高频小振幅技术的应用，但结构较复杂。

　　（3）差动齿轮式振动机构。差动齿轮式振动机构如图 3-33 所示。

　　结晶器放在弹簧支撑的振动框架上，凸轮或偏心轮拉杆机构带动一对啮合的扇形齿轮 3 和 5，而扇形齿轮分别安装在小齿轮 2 和 4 的轴端，齿轮 2 和 4 具有相同的节圆半径；当扇形齿轮摆动时，小齿轮就推动固定在框架内外弧两侧的齿条做上下往复运动，从而实现结晶器的振动。当扇形齿轮的节圆半径不相等时，结晶器产生弧线振动；当扇形齿轮节圆半径相等时，结晶器做直线运动。差动齿轮振动机构的基本特点是：强迫下降，弹簧的压力使其回升。当结晶器下降时，可实现负滑脱。具有设备紧凑、刚性好等优点。

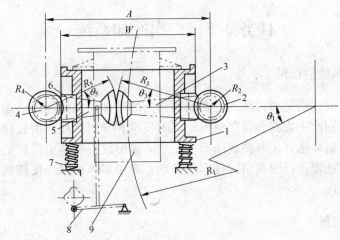

图 3-33　差动齿轮式振动机构

1—振动框架；2，4—小齿轮；3，5—扇形齿轮；6—齿条；

7—弹簧；8—凸轮或偏心轮（拉杆式机构）；9—结晶器

3.4.4　结晶器快速更换台

　　结晶器、结晶器振动装置及二次冷却区零段三部分设备安装在一个台架上，这个台架称为结晶器快速更换台，如图 3-34 所示。这种快速更换台架，设备可整体更换，生产检修方便，保证了结晶器、二次冷却区零段的对弧、对中精度。实现离线检修，可大大提高铸机的生产率。

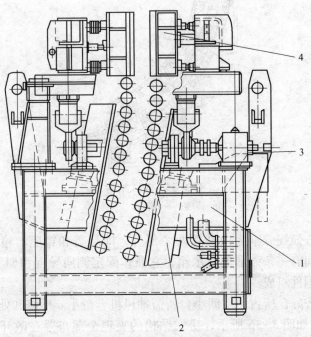

图 3-34　结晶器快速更换台

1—框架；2—零段；3—四偏心振动机构；4—结晶器

任务 3.5　二次冷却系统

3.5.1　二次冷却系统的作用

二冷装置的目的，就是对铸坯通过强制而均匀的冷却，促使坯壳迅速凝固，预防坯壳变形超过极限，控制产生裂纹和发生漏钢；同时支承和导向铸坯和引锭杆；在直弧形连铸机中，二冷装置还需要把直坯弯曲成弧形坯，进入弧形段；在装引锭杆的连铸机中，还需在二冷区里设置驱动辊，以驱动引锭杆实现拉坯；对于多半径弧形连铸机，它又起到将弧形坯分段矫直的作用。

3.5.2　二次冷却装置

二次冷却装置由机架、支承导向辊和喷水水嘴组成。

（1）机架。机架类型有箱式结构和房式结构两种。

1）箱式结构。图 3-35 所示是板坯连铸机二次冷却装置的早期箱式结构。机架的形式是箱体。整个二冷区是由五段封闭的扇形段箱体连接组成的。所有支承导向部件和冷却水喷嘴系统都装在封闭的箱体内，封闭的目的是便于把喷水冷却铸坯时所产生的大量蒸汽抽掉，以免影响操作。但不便于观察设备和铸坯。

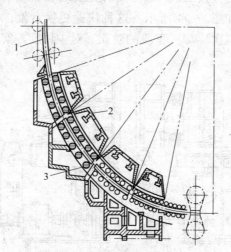

图 3-35　箱式结构
1—铸坯；2—箱体；3—夹辊

箱体沿铸坯中心弧线分割为内外弧两个部分，即箱盖和箱座。箱座固定在水泥基础上，箱座与箱盖之间有一条弧形侧面水箱，它兼作固定侧向导辊和调节夹辊的开口度用。整个箱体都是由铸钢件组成。

箱式结构刚性较好，所占用空间小，所需抽风机容量小。检修和处理事故还算方便。

2）房式结构。如图 3-36 所示，房式结构的夹辊全部布置在敞开的牌坊结构的支架上，整个二冷区是由一段或若干段开式机架组成。在二冷区四周用钢板构成封闭的房室，故称为房式结构。房式结构具有结构简单，观察设备和铸坯方便等一系列优点。但风机容量和占地面积较大。目前新设计的连铸机均采用房式结构。

（2）支承导向辊。辊子有内冷和外冷两种形式。

由于二次冷却装置底座长期处于高温和很大拉坯力的作用下，因此二冷支导装置通过刚性很强的共同底座安装在基础上（图3-37）。图中5为固定支点，4为活动支点，允许沿圆弧线方向滑动，以避免抗变形能力差导致的错弧。

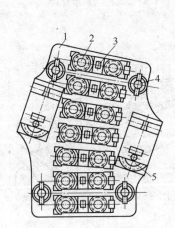

图3-36　房式结构

1—牌坊架；2—夹辊；3—垫块；
4—拉杆；5—车轮（开出式小车）

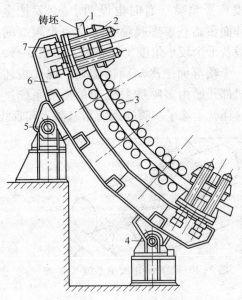

图3-37　二冷支导装置的底座

1—铸坯；2—扇形段；3—夹辊；4—活动支点；
5—固定支点；6—底座；7—液压缸

（3）喷水装置。

1）水喷雾冷却。水喷雾冷却就是靠水的压力使其雾化的一种冷却方式。

喷嘴根据喷出水雾的形状可分为实心圆锥形、空心圆锥形、矩形、扁平形等，如图3-38所示。

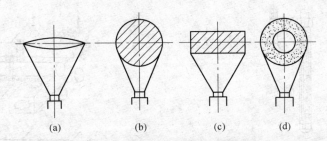

图3-38　几种雾化喷嘴的喷雾形状

（a）扁平形；（b）圆锥形（实心）；（c）矩形；（d）圆锥形（空心）

方坯冷却一般采用实心圆锥形喷嘴，也有采用空心圆锥形喷嘴。板坯冷却采用矩形或扁平形喷嘴。

小方坯连铸机二冷区喷水布置有环管式和单管式两种，如图3-39所示。由于单管式布置维修方便，所以采用此种布置较多。

板坯二冷区喷水装置根据喷嘴数量的排列区分可分为单喷嘴系统（图 3-40）和多喷嘴系统，如图 3-41 所示。

单喷嘴系统是每个辊缝间隙内只设一个大角度扁平喷嘴（有时也设两个），就把全部冷却面覆盖住。多喷嘴系统是每个辊缝间隙内设若干个较小角度实心喷嘴，排成一行，组成一个喷雾面把冷却面覆盖住。现代板坯连铸机都开始由多喷嘴系统向单喷嘴系统过渡，这样就消除了多喷嘴系统堵塞频繁和管线复杂的缺点。

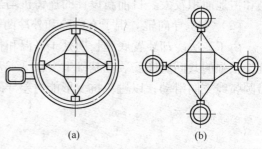

图 3-39　小方坯喷嘴布置
(a) 环管式；(b) 单管式

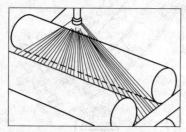

图 3-40　二冷区单喷嘴系统

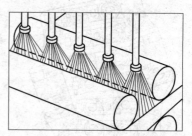

图 3-41　二冷区多喷嘴系统

2）气-水喷雾冷却。它将压缩空气引入喷嘴，与水混合后使喷嘴出口形成高速"气雾"，这种"气雾"中含有大量颗粒小、速度快、动能大的水滴，即喷出雾化很好的、高冲击力的广角射流股，以达到对铸坯很高的冷却效果和均匀程度，多用在板坯及大方坯连铸机上。因此冷却效果大大改善。

气-水冷却就喷嘴数量而言也有单喷嘴和多喷嘴。

用于二冷区气-水喷雾冷却系统如图 3-42 和图 3-43 所示。

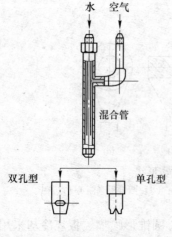

图 3-42　气-水喷嘴结构

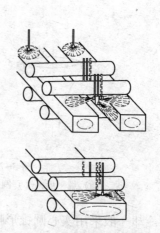

图 3-43　气-水喷雾冷却系统

因此，气-水喷雾冷却系统在大板坯和大方坯（特别是合金钢方坯）二冷区的冷却得到广泛应用。

任务 3.6　拉坯矫直装置

弧形连铸机的拉坯矫直装置由拉坯矫直机和引锭杆两部分组成。

3.6.1　拉坯矫直机

3.6.1.1　作用

拉坯矫直机由辊子或夹辊组成。这些辊子既有拉坯作用，也有矫直铸坯作用，所以连铸坯的拉坯和矫直这两个工序，通常由一个机组来完成，故称为拉坯矫直机，简称拉矫机。拉矫机承担拉坯、矫直和送引锭杆的作用。拉矫机的形式通常按辊子多少来标称。

3.6.1.2　结构

（1）五辊拉矫机。图 3-44 是五辊拉矫机，它应用在小方坯连铸机上，它由两个相同的机架和一个下辊组成拉矫机组，上拉辊 5 由气缸带动能上下摆动并由电机驱动进行拉坯。而两个上辊和一个中间下辊这 3 个辊子组成一个矫直组，完成一点矫直，这种五辊拉矫机，实际上是两辊拉坯一点矫直的拉矫机。

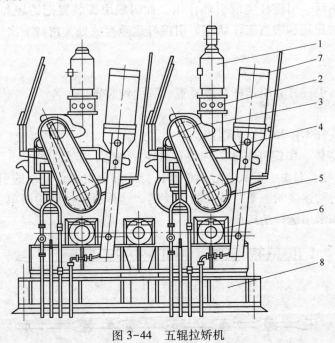

图 3-44　五辊拉矫机

1—立式直流电机；2—制动器；3—减速机；4—传动链；5—上拉辊；6—下辊；7—压下气缸；8—底座

（2）多辊拉矫机。图 3-45 是多辊拉矫机。这种拉矫机使用在板坯连铸机上，它属多辊拉坯多点矫直的拉矫机机组。

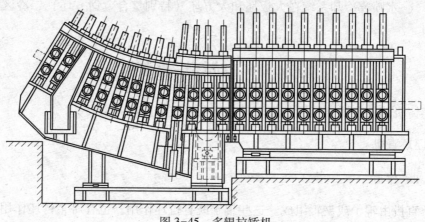

图 3-45　多辊拉矫机

3.6.2　引锭装置

3.6.2.1　作用与工作过程

在连铸机开浇之前，引锭杆的头部堵住结晶器的下口，临时形成结晶器的底，不使钢水漏出，钢水和引锭杆的头部凝结在一起。当钢水达到一定的高度时，通过拉辊开始向下拉动引锭杆，此时钢水已在引锭杆的头部凝固，铸坯随着引锭杆渐渐被拉出，经过二冷支导装置进入拉矫机后，引锭杆完成引坯作用，此时脱引锭装置把铸坯和引锭杆头部脱离，拉矫机进入正常的拉坯和矫直工作状态。引锭杆运至存放处，留待下次浇注时使用。

3.6.2.2　结构

引锭装置包括引锭杆、引锭杆存放装置、脱引锭装置。

A　引锭杆

引锭杆由引锭杆本体和引锭头组成。

（1）引锭杆本体。引锭杆本体的种类有柔性、刚性、半柔半刚性 3 种。

1）柔性引锭杆。它由引锭头、过渡件和杆身 3 部分组成，最早的引锭杆，如图 3-46所示。它是一根活动连接的链条，故又叫引锭链。这种引锭杆结构简单，存放占地小，弧形连铸机基本上都采用这种结构。

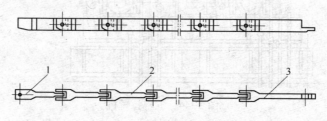

图 3-46　柔性引锭杆
1—引锭头；2—引锭杆链环；3—引锭杆尾

2）刚性引锭杆。它是一根刚性的 90°圆弧杆，杆身是由 4 块钢板焊成的箱形结构，两侧弧形板的外弧半径等于铸机半径。弧形小方坯连铸机多应用此种引锭结构，如图3-47所示。优点是大大简化了二冷段铸坯导向装置和引锭杆跟踪装置，引锭较平稳，但刚性引锭杆存放占空间很大。

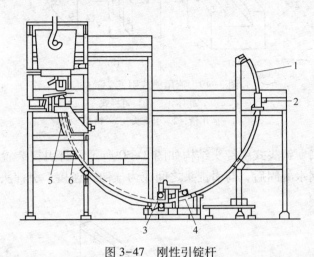

图 3-47 刚性引锭杆

1—引锭杆；2—驱动装置；3—拉辊；4—矫直辊；5—二冷区；6—托坯辊

3）半刚半柔性引锭杆。该杆前半段是刚性的，后半段是柔性的，存放时柔性部分卷起来，如图 3-48 所示。它综合了前两种引锭杆的优点，又克服了它们的缺点。

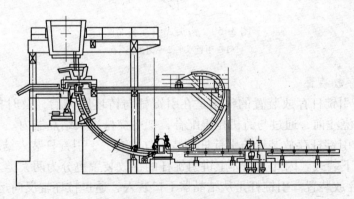

图 3-48 半刚半柔性引锭杆

（2）引锭头。

1）作用。引锭头主要是在开浇前将结晶器下口堵住，使钢液不会漏下，并使浇入的钢液有足够的时间在结晶器内凝固成坯头，同时，引锭头牢固地将铸坯坯头与引锭杆本体连接起来，以使铸坯能够连续不断地从结晶器里拉出来。根据引锭装置的作用，引锭头既要与铸坯连接牢固，又要易于与铸坯脱开。

2）结构。引锭头的结构形式有燕尾槽式和钩头式两种。

①燕尾槽式引锭头。燕尾槽式引锭头结构如图 3-49 所示。将引锭装置的头部加工成燕尾槽。这样在开浇时，注入结晶器的钢水会充满槽内外，待冷却后二者凝结在一起。

燕尾槽式引锭头与铸坯脱开时，需操作人员把销轴拆卸。

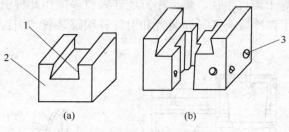

图 3-49　燕尾槽式引锭头简图

（a）整体式；（b）可拆式

1—燕尾槽；2—引锭头；3—销孔

②钩头式引锭头。钩头式引锭头结构如图 3-50 所示。将引锭装置的头部加工成钩子形。注入结晶器的钢水凝固后，与引锭头之间成为挂钩式连接。引锭头与铸坯之间会自动脱开。

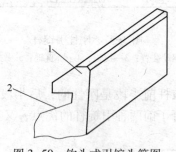

图 3-50　钩头式引锭头简图

1—引锭头；2—钩头槽

B　引锭杆存放装置

（1）作用。引锭杆存放装置的作用是在引锭杆与铸坯脱离后，及时把引锭杆收存起来，并在下一次浇注前，通过与铸机拉辊配合，把引锭杆送入结晶器内。

（2）结构。引锭杆存放装置与引锭杆的装入方式有关，引锭杆装入结晶器的方式有两种，即上装式和下装式。因此，总体上讲引锭杆的存放装置也分为两大类。

1）下装式存放装置。引锭杆是从结晶器下口装入，通过拉坯辊反向运转输送引锭杆。其设备简单，但浇钢前的准备时间较长。

下装式引锭杆存放装置有侧移式、升降式、摆动斜桥式、卷取式等。常用侧移式、升降式。

①侧移式。引锭杆的侧移装置如图 3-51 所示。它的主体是一根长轴 2，在轴上安装了 6 个拨杆，用以拨动 6 个双槽移动架 1。为了使移动架在运动中不倾翻，采用了平行四连杆机构。长轴 2 用气缸通过连杆驱动，使之摆动。开始浇钢时，双槽移动架的右槽停放在出坯辊道的中心位置，用以接收引锭杆，当引锭杆将铸坯拉出铸机并与铸坯分离后，开动气缸，把引锭杆托起并移动到辊道旁边的台架上。

这种形式的存放装置结构简单，各相关设备具有良好的维修条件，对处理事故铸坯和检修辊道均没有影响。缺点是必须等到最后一块铸坯送出辊道后，才能进行下一次的引锭杆插入，因此浇注准备时间长。

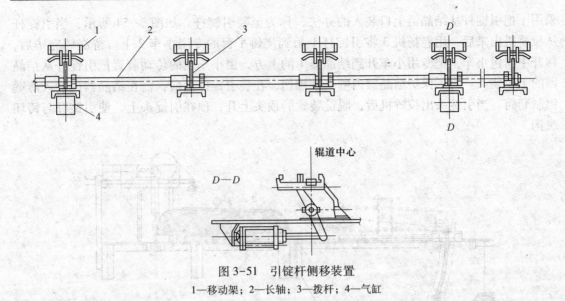

图 3-51　引锭杆侧移装置
1—移动架；2—长轴；3—拨杆；4—气缸

　　②升降式。升降式存放装置是在输送辊道上方布置一个升降吊架，浇注时，把升降吊架放下接收脱锭后的引锭杆，然后升起让铸坯通过，下一次浇注前，放下吊架使引锭杆落在辊道上。吊架的升降，可以是电动的，也可以是液压的，但必须有足够的提升高度，避免铸坯辐射热的烘烤。这种形式由于是布置在辊道上方，对切割机与辊道的检修有影响。

　　③摆动斜桥式。摆动斜桥式结构如图 3-52 所示。摆动架可绕尾部铰链点摆动，浇注前摆动架头部落在拉矫机出口处，浇注开始后，拉矫机把引锭杆推上摆动架。引锭杆通过拉矫机后，由牵引卷扬按拉坯速度继续向上拉，直到脱锭后全部拉上为止。开动提升装置把摆动架头部升起，让铸坯沿辊道通过，浇注完毕后落下摆动架，引锭杆靠自重进入拉矫机，由拉矫机把引锭杆送入结晶器。

　　摆动斜桥式存放装置由于布置在切割辊道上方，不占用车间面积，但斜桥下面的一次切割机和切割辊道检修困难。

　　④卷取式。这种形式是侧移式的改型。拉矫机送出的引锭杆被卷绕在一个卷筒上，脱锭后，卷筒带着引锭杆整体移出作业线，使铸坯通过（图 3-53）。这种形式占用车间面积小。

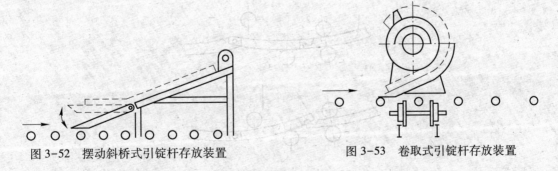

图 3-52　摆动斜桥式引锭杆存放装置　　　　图 3-53　卷取式引锭杆存放装置

　　2）上装式存放装置。为了缩短送引锭杆时间，提高连铸机作业率，有些板坯连铸机，采用了把引锭杆从结晶器上口装入的办法，称为上装引锭杆。如图 3-54 所示，当引锭杆从拉矫机出来后，用卷扬机 3 将引锭杆上吊到浇铸平台的专用小车 2 上。待浇铸完毕后，移开中间包小车，把专用小车开到结晶器 1 的上方，由小车上的传动装置把引锭杆从结晶器的上口装入。为了保护结晶器内壁不被擦伤，在装引锭杆之前，需在结晶器内装入薄壁铝制套筒。当引锭头出拉矫机后，脱锭装置的顶头上升，顶在引锭头上，使引锭杆与铸坯脱钩。

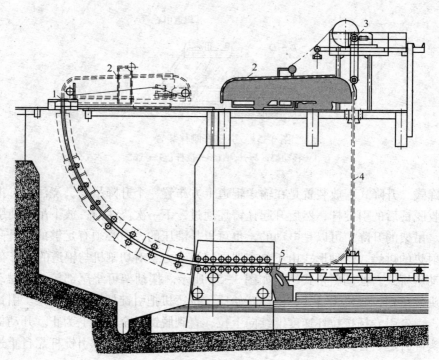

图 3-54　上装引锭杆设备

1—结晶器；2—引锭杆小车；3—卷扬机；4—引锭杆；5—引锭杆脱钩装置

C　脱引锭装置

常用的引锭头主要是钩头式。引锭头可与拉矫机配合实现脱钩，如图 3-55 所示，在引锭头通过拉辊后，用上矫直辊压一下第一节引锭杆的尾部，便使引锭头与铸坯脱开。

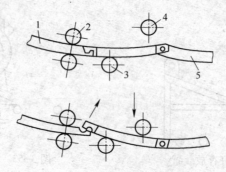

图 3-55　拉矫机脱钩示意

1—铸坯；2—拉辊；3—下矫直辊；4—上矫直辊；5—长节距引锭杆

在现代板坯连铸机中，往往采用液压脱锭装置与小节距链式引锭杆和钩式引锭头配合使用。脱锭装置设置在拉矫机与切割设备之间，当引锭头通过最后一对夹持辊时，液压缸带动脱锭头上升，从而使引锭头与铸坯脱开，如图 3-56 所示。

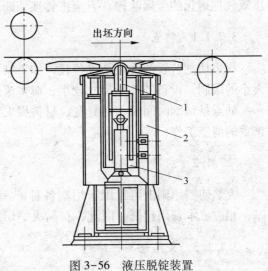

脱锭装置一般由液压缸、脱锭头、导向框架组成。为了防止热辐射的影响，对靠近铸坯的部分应通水冷却。在各个铰链处进行强制集中干油润滑。

为了防止脱锭时铸坯与脱锭头相撞，以及脱锭头落下后引锭头又钩住铸坯，在引锭杆采用上装方式时，使用如图 3-57 所示的脱锭装置，即除了升降液压缸外，还有一个移动液压缸。脱锭后移动液压缸快速动作，脱锭台架沿浇注方向运动，使引锭头与铸坯离开。

图 3-56 液压脱锭装置
1—脱锭头；2—导向框架；3—液压缸

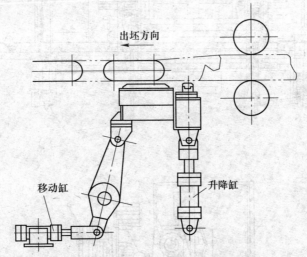

图 3-57 带移动液压缸的脱锭装置

任务 3.7 铸 坯 切 割

对铸坯进行切割要满足下道工序的定尺要求和铸坯输出、存放要求。目前连铸机上常用的切割装置主要有火焰切割机、机械剪和液压剪三种。

3.7.1 火焰切割机

火焰切割机利用预热氧气和可燃气混合燃烧的火焰，将切缝处的金属熔化，同时用高压氧气把熔化的金属吹掉，直至把铸坯切断。

3.7.1.1　特点

火焰切割装置的优点是设备轻，加工制造容易；切缝质量好，且不受铸坯温度和断面大小的限制；设备的外形尺寸较小，对多流连铸机尤为适合。

缺点是切割时间长、切缝宽、材料损失大，切割时产生的烟雾和熔渣污染环境，需要繁重的清渣工作。

3.7.1.2　应用

火焰切割原则上可以用于切割各种断面和温度的铸坯，但是就经济性而言，铸坯越厚，相应成本费用越低。因此，目前火焰切割广泛用于切割大断面铸坯。

3.7.1.3　火焰切割机结构

火焰切割机由车架及车体走行装置、同步机构、切割枪横移装置、切割枪、边部检测器等组成。如图 3-58 所示。

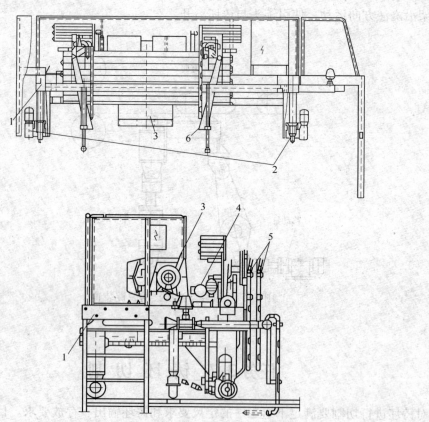

图 3-58　火焰切割机

1—车架；2—车体走行装置；3—同步机构；4—切割机横移装置；5—割枪；6—边部检测器

（1）切割机车体及走行装置。火焰切割机一般都做成小车形式，车上有四个车轮支承着，前面两个主动车轮，后面两个被动车轮。

（2）同步机构。同步机构保证割枪在切割铸坯过程中与铸坯保持同步以保证割缝整齐。同步机构一般有钳式、压紧式、坐骑式和背负式四种。

1）钳式同步机构。如图 3-59 所示，有可调式和不可调式两种。两者都是靠气缸驱动夹钳架在板坯的两侧夹住铸坯，实现与小车的同步运动，但可调式的可用丝杆螺母调整夹紧宽度。

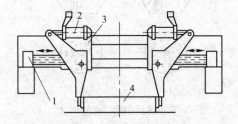

图 3-59　钳式同步机构
1—螺杆传动装置；2—气缸；3—夹钳架；4—铸坯

2）坐骑式同步机构。如图 3-60 所示。把切割小车直接骑坐在连铸坯上来实现同步，切割小车通过提升架升起切割枪横梁。

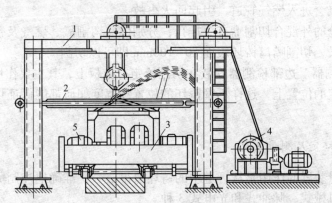

图 3-60　坐骑式同步切割装置
1—提升架；2—活动横梁；3—切割小车；4—卷扬机；5—小车驱动系统

3）压紧式同步机构。靠气缸的作用使压紧臂压在铸坯的表面，保证同步。

4）背负式同步机构。靠切割机部分或整体质量压在板坯上实现同步，由电动机带动升降框架落在铸坯表面，升降框架由固定导轨导向，在升降框架上固定着切割枪的步行横梁。升降框架与铸坯接触部位安装的夹紧块是由耐热合金制成的。

（3）切割枪横移装置。切割枪横移装置用于使两把割枪沿板坯宽度方向相向走行或反向走行。该装置是由电动机—蜗杆减速机—小齿轮与横梁上的齿条相啮合而驱动的。

（4）切割枪。

1）主、副切割枪。主切割枪和副切割枪都装在切割枪架上，是火焰切割的重要部件。一般主切割枪是固定的，副切割枪可以通过气缸或液压缸进行前后移动，以对主副切割枪之间的距离进行调整。切割枪由枪体和切割嘴组成，而切割嘴是它的核心部件。

2）切割嘴。切割嘴分为内混合和外混合两种形式，如图 3-61 所示。

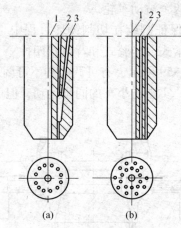

图 3-61　切割嘴的形式

(a) 内混式；(b) 外混式

1—切割氧；2—预热氧；3—燃气

内混合是燃气和预热氧在切割嘴内混合后再喷出燃烧。这种割炬的火焰内有短而白亮的焰心，只有接近铸坯时才能切割。由于预热氧和燃气在切割嘴内连通，因而当燃烧的通孔受阻时，预热氧会进入燃气管道，引起回火事故。

外混式切割枪的外混合切割嘴有 3 排孔，分别供应切割氧、燃气及预热氧，故不会引起回火，且火焰长，切割嘴离铸坯表面 50~100mm 即可以切割。

(5) 边部检测器。边部检测器安装在切割枪走行拖板上，其主要作用是把切割枪引导到铸坯侧边缘一定的位置上，这样不管铸坯的位置和宽度如何都能保证切割枪准确地停止在预热位置上。

3.7.1.4　铸坯定尺测量装置

铸坯定尺测量装置的作用是从行进中的铸坯取得信号，准确地控制剪机自动剪切。常用的定尺装置有机械式、脉冲式和光电式 3 种。

(1) 机械式。小方坯连铸机采用机械式定尺装置，其结构为在一个两端支承的长轴上悬挂着一个钢球，球的高度和水平位置是可调的，通过导线给钢球输入一微量电流。因为长轴的轴承与支架间是绝缘的，所以钢球上并没有电流通过；当铸坯通过剪切口向前行进撞到钢球时，铸坯在钢球与铸机机架间形成通路，发出信号，控制电磁阀给剪机气动制动离合器供气并进行剪切；由于钢球的高度和位置是可调的，这种装置可适应不同断面和不同定尺的铸坯。这种装置简单可靠，现场使用的较多。

(2) 脉冲式。通过脉冲发生器把铸坯运行的距离转化成脉冲数，计数器按脉冲数发出信号控制剪机进行剪切，达到定尺切割的目的。图 3-62 所示是一种铸坯自动定尺装置的原理图。辊子 2 通过气缸 4 与铸坯接触，铸坯带动辊子转动并发出脉冲信号，由计数器按定尺发出信号开始切割。

(3) 光电式。在定尺的位置上安装一个光电管，利用铸坯到达一定位置后光线的变化发出信号，即铸坯通过时遮住光线，使电源终止控制剪切机构动作，或者利用铸坯自身的红光聚焦引起光电管得电，发出剪切信号，达到定尺剪切的目的。光电作用对铸坯断面变

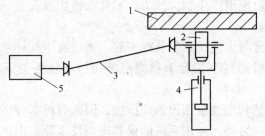

图 3-62 自动定尺装置原理示意

1—铸坯；2—辊子；3—万向接轴；4—气缸；5—脉冲发生器

化影响不大，但调整定尺长度时需要改变光电管和接收器的安装位置。

3.7.2 机械、液压剪

3.7.2.1 分类及应用

机械剪按动力源可分为电动和液压两类；按剪机的运动方式可分为摆动式和平行移动式；按剪机布置方式可分为卧式、立式和45°倾斜式三类，卧式用于立式连铸机，立式、倾斜式用于水平出坯的各类连铸机。

3.7.2.2 剪切原理

机械飞剪和液压飞剪都是用上下平行的刀片做相对运动来完成对运行中铸坯的剪切，只是驱动刀片上下运动的方式不同。

A 机械飞剪的工作原理

如图3-63所示，机械飞剪的剪切机构是由曲柄连杆机构，上、下刀台是由偏心轴带动，在导槽内沿垂直方向运动。偏心轴是由电机通过皮带轮及开式齿轮传动。当偏心轴处于0°，剪刀张开；当其转动180°，剪刀进行剪切；当转动360°时，上、下刀台回到原位，完成一次剪切。这种剪切机称为摆动式剪切机。

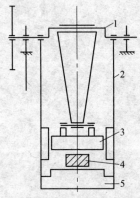

图 3-63 机械飞剪工作原理

1—偏心轴；2—拉杆；3—上刀台；4—铸坯；5—下刀台

剪切可以上切，也可以下切。上切式剪切，剪切机的下刀台固定不动，由上刀台下降完成剪切，因此剪切时对辊道产生很大压力，需要在剪切段安装一段能上下升降的辊道。

　　B　液压剪切的原理

　　液压剪切装置是刀台与主液压缸安装在一起，通过液压缸柱塞来驱动上刀台或下刀台完成剪切任务的。剪切机通过下刀台上移完成剪切铸坯任务为下切式，此方式应用较为广泛。

　　由于液压剪的动力是利用油泵压出的高压油，因此剪机本身还带有一套庞大的液压系统，故剪机的投资较大。另外，液压系统的保养维护技术要求也比较高。

 习　题

3-1　连铸生产主要设备有哪些？

3-2　连铸机有几种分类方式，具体分为哪些？

3-3　长水口的类型有哪几种？简述其特点。

3-4　简述图 3-13 所示回转驱动装置工作原理。

3-5　简述塞棒装置作用与结构。

3-6　滑动水口装置在连铸生产中的作用是什么？滑动水口的驱动方式有哪几种？

3-7　对结晶器内壁有哪些要求，结晶器内壁使用的材质有哪些？

3-8　说明图 3-33 差动齿轮式振动机构工作过程。

3-9　二次冷却装置根据喷出水雾的形状喷嘴可分为哪几类？

3-10　简述引锭装置的组成、作用与工作过程。

3-11　常用的定尺装置有哪些，各有何特点？

模块 4 板带钢生产技术

任务 4.1 初识板带钢生产

钢板和带钢是国民经济各部门中应用最广泛的钢材，它作为多种工业部门的原料使用。因此工业发达的国家板带钢产量占钢材产量的 50%~60%，最高已达到 66% 以上，近年来我国板带材生产有了快速的发展。

4.1.1 钢板分类

（1）按钢板厚度分类。按厚度分为两大类，即厚板和薄板。厚度在 4mm 以上者为中厚板；4mm 以下者为薄板。采用成卷方法生产，称为带钢。板与带的主要区别是成张生产为板，成卷生产为带。

（2）按钢板用途分类。

1）结构制造业用板。如桥梁板、锅炉板、压力容器板、高炉及其他工业建筑用板。

2）交通运输业用板。如汽车板、造船板、机车制造和航空结构用板。

3）机器制造业用板。以钢板为原料冲压、焊接和机械加工成各种机器零件用钢板。

4）电工钢板。制造电机、变压器等用的硅钢板。

5）焊管和冷弯型钢用板。焊管坯和冷弯型钢坯用的钢板。

6）金属制品工业用板。如日用品制造业和食品包装用钢板。

7）特殊用途钢板。如装甲板、不锈钢板、耐热钢板、耐酸钢板、复合板等。

（3）按钢板材料分类。按钢板材料可分为碳素钢板和合金钢板。碳素钢板大部分为低碳钢板，也有中、高碳钢板。合金钢板大部分为低合金钢板，也有高合金钢板。

（4）按表面处理方法分类。按表面处理方法不同可分为镀锡板、镀锌板、涂层板等。

4.1.2 钢板生产的一般方法

根据钢板的厚度和技术要求不同，其生产的方法也不同。

（1）单张轧制生产。单张轧制的生产过程在一张一张的状态下进行，用于中厚板的生产。由于厚度比较大，只能采用单张轧制的生产方法。

中厚板的轧制都采用热轧的方法。用于单张轧制厚板生产的轧机形式可以分为单机座和双机座厚板轧机。

（2）成卷轧制生产。成卷轧制生产用于薄板生产，也用于生产部分规格中厚板。由于薄板的轧后长度都很长，通常是几百米到上千米，甚至几千米的长带，生产只能是在卷成钢带卷的状态下进行。

成卷生产的带钢有热轧带钢和冷轧带钢两种。

（3）热轧带钢生产。热轧带钢生产的带钢厚度范围一般为 1~20mm，最薄可达

0.8mm，最厚可以超过 30mm。用于热轧带钢生产的轧机形式有以下 3 种。

1）连续式热带钢轧机，通常称为热带钢连轧机，是生产热轧带卷应用最广泛、最主要的轧机形式。

2）薄板坯连铸连轧机，是近年来发展起来的短流程轧机。

3）带有炉内卷取机的炉卷轧机，是一种可逆式轧机，其前后的卷取机置于加热炉内，轧制的过程中可以对带钢进行加热和保温，使轧制变形在一个很窄的温度区间内进行，用于轧制变形温度要求严格、难于变形的合金板。

（4）冷轧带钢生产。冷轧带钢生产的带钢的厚度范围为 0.01 ~ 3.5mm，最薄可达到 0.001mm。冷轧带钢生产的轧机机型有下面两种。

1）连续式带钢冷轧机，通常称为带钢冷连轧机，是大规模生产的主要轧机形式。

2）可逆式带钢冷轧机，一般是单机座的，在一个工作机座上对带钢进行往复的多道次轧制。目前，可逆式带钢冷轧机也应用较广，多应用于多辊轧机的轧制。

4.1.3　板带轧机工作机座

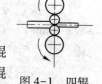

根据轧辊数量的不同，板带轧机可分为四辊轧机和多辊轧机两大类。

（1）四辊轧机。四辊轧机轧辊布置如图 4-1 所示。由于板带轧机轧辊的 L（辊身长）/D（辊径）的比值比较大，为了提高轧辊的刚度，在工作辊的外侧都加有支承辊。随着对板带钢轧制精度要求的提高，目前，四辊轧机仍是厚板轧制的最主要机型，而薄板轧制则逐步被多辊轧机所代替。

图 4-1　四辊轧机轧辊布置

（2）多辊轧机。轧辊数量超过四个的板带轧机称为多辊轧机，多辊轧机轧辊布置如图 4-2 所示。常用的有六辊轧机（图 4-2(a)）、十二辊轧机（图 4-2(b)）、二十辊轧机（图 4-2(c)）和复合多辊轧机（图 4-2(d)）等，主要用于薄带钢和超薄带钢的生产。

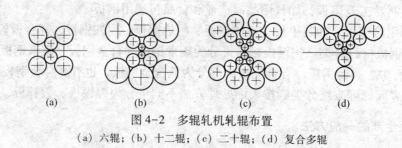

　　　(a)　　　　　　　(b)　　　　　　　(c)　　　　　　　(d)

图 4-2　多辊轧机轧辊布置

（a）六辊；（b）十二辊；（c）二十辊；（d）复合多辊

任务 4.2　中厚板生产工艺

中厚板广泛应用于大直径输送管，压力容器、锅炉、桥梁。中厚板生产工艺过程由原料及轧前准备、轧制和精整三大部分组成。

4.2.1　生产原料及轧前准备

4.2.1.1　生产原料

中厚板生产的原料演变为钢锭→初轧坯→连铸坯。目前连铸坯是中厚板生产的主要原料。

4.2.1.2　板坯的轧前准备

A　原料表面缺陷的清理

表面缺陷的类型有裂纹、结疤、重皮、皮下气泡、折叠等。

清理方法：

(1) 火焰清理机。安装在连铸机（开坯机）和切割机之间，全面剥皮清理，清理深度为 0.5~5mm。质量好，金属消耗大。

(2) 局部火焰清理、风铲清理、砂轮研磨、电弧清理。

火焰清理——利用乙炔和氧气燃烧的高温火焰，将有缺陷那部分金属熔化烧除，也可以切割，焊接金属材料。

风铲清理——用 5~6 个大气压的压缩空气，风铲作高压高速冲击，以铲掉表面缺陷的方法。

砂轮研磨——以快速转动的砂轮研磨钢锭或钢坯表面的缺陷。

电弧清理——钢坯表面在低电压大电流作用下，产生电弧，电弧加热钢坯表面并使缺陷连同钢坯表面金属熔化，用 2~3 个大气压的压缩空气吹除熔渣。无需对钢坯预热。适用于碳素钢、低合金结构钢、对裂纹敏感的钢种、清理后应堆冷，不能急冷。

B　加热

a　加热的目的

加热的目的是提高塑性和降低变形抗力。

b　连续式加热炉加热过程

板坯加热采用连续式加热炉，加热过程分为预热段、加热段和均热段。

(1) 预热目的：一是对于冷装炉，预热段加热缓慢，避免加热速度太快造成厚板坯内部的温差太大，产生热应力，引起内部裂纹；二是利用加热段废气余热对板坯预热，可以节能。

(2) 加热段目的：提高加热速度。

(3) 均热段目的：使板坯的内部温度均匀。

c　连续式加热炉分类

连续式加热炉依据板坯在炉膛内前进方式不同分为推钢式加热炉和步进式加热炉两种。

(1) 推钢式连续加热炉。推钢式连续加热炉加热过程如图 4-3 所示。板坯在炉膛内的前进是靠装料端的推钢机推动。

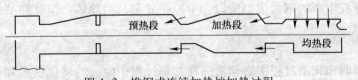

图 4-3　推钢式连续加热炉加热过程

推钢式连续加热炉缺点如下：

1) 板坯加热后与水冷管道接触部分存在黑印，加热温度不均。

2）板坯的下表面有划伤。

3）炉膛内易产生起拱现象。

4）炉膛内的板坯排空困难。

因此，推钢式连续加热炉正逐步被步进式连续加热炉所取代。

（2）步进式连续加热炉。步进式连续加热炉的原理如图4-4所示。它由6个固定的水冷管道组成固定梁，沿炉子长度支撑板坯，另有4个水冷管道组成步进梁，步进梁支撑在步进机构的构架上，步进机构实现板坯的步进运动。当步进运动开始时，比固定梁低的步进梁被步进机构托起上升，将板坯升高至固定梁上方，步进机构步进运动使步进梁连同板坯一起前进，然后，步进机构使步进梁下降，将板坯放到固定梁上，并退回，完成一个步进周期。

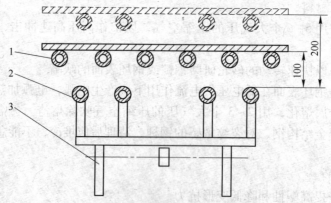

图4-4　步进式连续加热炉的步进原理示意
1—固定水冷梁；2—步进水冷梁；3—偏心轮式步进机构

步进式连续加热炉的优点：

1）可以减少板坯的黑印。板坯向前运动时有半个周期停留在固定梁上的耐热陶瓷垫块上，有半个周期停留在步进梁陶瓷垫块上。当板坯不向前运动时，步进梁只做垂直升降运动使板坯原地踏步，不断地变换与耐热陶瓷垫块的接触点，使均匀加热。

2）板坯下表面没有划伤。

3）在炉膛内板坯不会产生起拱现象，炉长不受最小坯厚限制。

4）炉膛排空容易。轧机停轧时，步进机构做相反运动，板坯可以从装料端排出，不会在加热炉开始加热和冷却过程中产生严重烧损。

4.2.2　轧制过程

轧制是中厚板生产的钢板成型阶段，中厚板轧制分为除鳞、粗轧和精轧三个阶段。

4.2.2.1　除鳞

板坯在轧制前和轧制过程中必须清除在加热过程中生成的氧化铁皮和轧制过程中生成的再生氧化铁皮，这个过程称为除鳞。除鳞对保证钢板的表面质量是非常重要的。否则氧化铁皮压入钢板表面，会造成麻点，而且，这种表面缺陷会因轧制进行而扩大面积。另外，氧化铁皮很硬，它的存在还会增加轧辊磨损，这不仅增加轧辊消耗，还会增加换辊次数，影响轧机产量。

常用除鳞的方法：

（1）高压水除鳞。高压水的冲击力可以破碎和清除板坯表面的氧化铁皮，这种方法除鳞得到广泛应用。

（2）轧制延伸除鳞。由于氧化铁皮塑性低，又很脆，轧制延伸可将其破碎。因此，清除炉生氧化铁皮可以设置专门的破鳞机座（立辊或水平辊），在轧制的开始道次，采用5%～15%的压下量破碎氧化铁皮。为了提高除鳞效果，有的采用增大压下量的方法（除鳞道次的压下量达15%～20%）。也有采用水平辊的异步轧制方法除鳞，用上下轧辊线速度的不同步提高除鳞效果。

（3）高压蒸汽除鳞箱。为避免钢板在除鳞过程中的过度冷却，一些轧机用高压蒸汽代替高压水，在一般钢种轧制的最后道次采用，轧制不锈钢时在所有道次都使用。

高压水除鳞装置置于破鳞机前或后，或者前后都有，或者将高压水喷嘴置于轧机工作机座的机上除鳞。将延伸除鳞和高压水除鳞结合起来，可以很好地清除掉炉生和再生氧化铁皮。

4.2.2.2　轧制方式——粗轧

中厚板的粗轧方法分为全纵轧法、全横轧法、综合轧制法和角轧—纵轧法、四种。

（1）全纵轧法。该法是原料宽度不小于成品钢板的宽度，钢板的延伸方向与原料（钢锭或钢坯）纵轴方向一致的轧制方法。

优点：产量高，钢锭的头部缺陷不易扩展到全长上面。

缺点：钢中偏析、夹杂带状分布，组织、性能各向异性，横向性能差。

（2）全横轧法（见图 4-5）。该法的板坯长度不小于钢板厚度，横轧为钢板的延伸方向与原料的纵轴方向垂直。该法可改善初轧坯各向异性，使钢板性能均匀。

（3）综合轧制法（见图 4-6）。先纵轧 1～2 道，平整板坯，成型轧制；转 90°横轧展宽，宽度延伸到所需板宽，展宽轧制；再转90°纵轧成材延伸轧制。

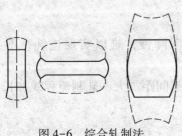

图 4-5　全横轧法

该法的优点是板坯宽度不受钢板宽度限制，选料灵活；改善钢板的横向性能。缺点是两次 90°旋转，钢板易成桶形；切边损失大，降低成材率。

（4）角轧—纵轧法（见图 4-7）。角轧是将轧件纵轴与轧辊轴线成一定角度，送入轧辊进行轧制的方法，送入角 15°～45°，每一对角线轧制 1～2 道更换另一对角线轧制，先得到平行四边形，再得矩形。

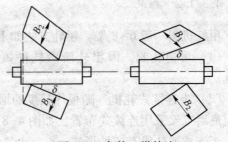

图 4-6　综合轧制法　　　　　　　　图 4-7　角轧—纵轧法

该法的优点是改善各向异性。缺点是轧制周期长，不易控制板形，切损大。

4.2.2.3　轧制方式——精轧

轧制过程分为粗轧和精轧两个阶段。粗轧阶段进行横轧宽展和大压下量纵轧延伸。精轧阶段进行纵轧延伸和质量控制，包括板厚控制、板形控制、表面质量和性能控制。一般情况下压下量分配：粗轧机 80%+精轧机 20%。

4.2.3　精整

厚板的精整主要包括轧后冷却、矫直、剪切等工序。

（1）轧后冷却。轧后冷却目的是冷却均匀，防止表面刮伤。常用方法有轧后工艺冷却（控制冷却）和轧后自然冷却。常用设备是步进式冷却，冷却质量好。

（2）热矫直。热矫直目的是板形平直。常用矫直设备如下：

1）压力矫直机。有两个固定支点支撑钢板，压板施加压力而进行矫直。

2）张力矫直机。用于矫直那些辊式矫直机难以矫直的钢板，小于 0.6mm 厚的薄钢板和有色金属板材。

3）辊式矫直机。通过几根交错排列的辊子，沿钢板行进方向进行连续矫工作，生产率高。

（3）剪切。剪切内容是切头、切尾、切边、剖边，定尺剪切取样。常用剪切机有圆盘剪、左右纵剪、双边剪和联合剪断机。

任务 4.3　热轧带钢生产工艺

热轧带钢产品主要以钢卷状态供给冷轧机作原料，主要钢种有低碳钢（包括超低碳钢）、碳素结构钢、电工钢和不锈钢等。工业发达国家，热连轧带钢占板带钢总产量的 80%，占钢材总产量的 50% 以上。目前，生产热轧带钢的设备有传统热带钢连轧机、薄板坯连铸连轧机和炉卷轧机。

4.3.1　热连轧带钢生产工艺

4.3.1.1　原料选择与加热

原料类型有初轧板坯和连铸板坯。常用加热设备为步进式连续加热炉。

4.3.1.2　粗轧

粗轧机组一般 6~8 架。粗轧方法如下：

（1）可逆轧制。因粗轧阶段轧件短、厚度大、温降慢，难以实现连轧，不必进行连轧。

（2）半连续式轧机。随板坯长度的增加，粗轧机架间距加大，轧制流程线加长，粗轧机组最后二架采用连续式布置，如图 4-8 所示。

半连续式轧机有三种形式：

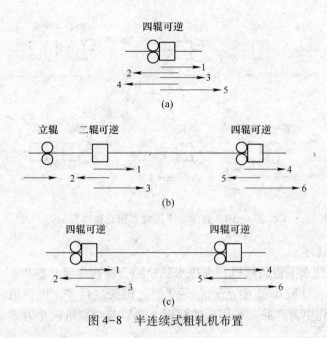

图 4-8　半连续式粗轧机布置

1）图 4-8（a）由一架可逆式四辊机架组成。

2）图 4-8（b）粗轧机组为一架可逆式二辊破鳞机架和一架可逆式四辊机架，用于生产成卷带钢。

3）图 4-8（c）由两架可逆式四辊轧机组成，生产成卷中厚板。

半连续式轧机的优点是粗轧道次灵活调整，设备投资少，适用于产量要求不高，品种范围又广的情况。

（3）全连续轧机。全连续粗轧机典型布置如图 4-9 所示。

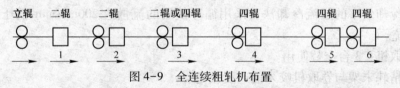

图 4-9　全连续粗轧机布置

轧件自始至终没有逆流的轧制道次。适用于大批量，单一品种。操作方法简单，维护方便，轧制流程线加大。

（4）3/4 连续式。典型 3/4 连续式粗轧机布置如图 4-10 所示。

粗轧机组内有 1~2 架可逆式轧机，适用于年产 300~400 万吨的带钢厂。

（5）万能式粗轧机。万能式粗轧机机前有小立辊，目的是控制板卷的宽度，同时起对准轧制中心线的作用。

随板卷质量和板坯厚度的增加，要求增加每道的压下量，为此要求增大电动机功率和轧辊直径，以提高咬入能力和轧辊的扭转和弯曲强度。

4.3.1.3　精轧

（1）粗轧后精轧前。测温、测厚并用飞剪切去头尾部。弧形刀飞剪切头，减小咬入冲

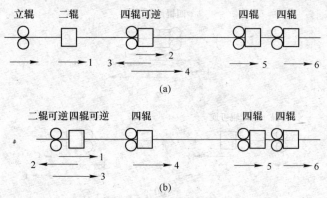

图 4-10　典型 3/4 连续式粗轧机布置

击；直刀飞剪用于切尾。

（2）除鳞。精轧水平辊破鳞机，高压水除鳞箱，除次生氧化铁皮。

（3）精轧机架。一般 6~7 架，预留 8~9 架。机架数目多，可使精轧来料加厚，提高产量和轧制速度，轧更薄产品。采用低速穿带，然后与卷取机同步升速进行高速轧制的方法，提高轧制速度。

（4）精轧机组各机架设有活套支持器。

1）缓冲金属流量的变化，防止叠进钢；

2）调节各架轧机的轧制速度，保持连轧常数；

3）保持恒定的小张力；

4）最后几架间，还可调节张力，控制带钢厚度。

4.3.1.4　轧后冷却及卷取

（1）高冷却效率的层流冷却法，采用循环使用的流量达 $200m^3/min$ 低压大水量的高效率冷却系统。

（2）卷取机：3 台交替使用。

（3）在精轧末架与卷取机咬入前速度设定。

1）为在输出辊道上带钢运行时能够"拉直"，辊道速度应比轧制速度高 10%~20%。

2）卷取咬入带钢后，辊道速度应与带钢速度同步进行加速，防滑动擦伤。

3）当带钢尾部离开轧机后，辊道速度应低于卷取速度。

4.3.1.5　精整加工

精整加工包括纵切机组、横切机组、平整机组和热处理炉等。

4.3.2　热轧薄板带钢生产

4.3.2.1　叠轧薄板生产

A　特点

数张板叠轧，生产灵活，生产厚度规格 0.28~1.2mm；劳动强度大；热辊轧制，易产生黏结的缺陷。

B　辊型对板尾的影响

(1) 平辊辊型：变形均匀，尾部平整。

(2) 凹辊辊型：变形不均匀，尾部鱼尾，切损大。

(3) 凸辊辊型：变形均匀，尾部舌形。

C　叠轧薄板轧辊

轧辊轧材：冷硬铸铁、复合球墨铸铁和合金球墨铸铁。

轧辊需要预热，防止产生热裂纹，预热温度380~420℃。

4.3.2.2　炉卷轧机热连轧带钢生产

A　概念

为解决钢板温度降落太快，将板卷放置于加热炉内，一边加热保温，一边轧制的方法称为炉卷轧制方法。

B　特点

优点：减小钢板温降，灵活工艺道次，较少设备投资，可用钢锭为原料。适合于生产批量不大、品种较多的产品，生产加工温度范围较窄的特殊带钢。

缺点：产品质量较差，头尾轧速慢，散热快；二次铁皮多，各项消耗高，需要大型直流电机和高温卷取设备，工艺操作复杂，轧辊易磨损，换辊频繁。

C　炉卷轧机形式

二机架式：二辊或二辊万能式粗轧机，四辊式炉卷轧机精轧。

三机架式：二辊式粗轧机、万能粗轧机和炉卷精轧一架。

D　炉卷轧机的生产工艺

板坯加热→高压水除鳞→二辊可逆式轧机→四辊万能轧机→飞剪→炉卷。

4.3.2.3　行星轧机

A　组成

上下两个支承辊围绕其周围的很多对（14~24 对）工作辊。支承辊按轧制方向旋转，工作辊则靠支承辊间的摩擦力带动而自转，并围绕支承辊中心按轧制方向作行星式公转，上下辊在轧制过程中同步。

B　机组

机组包括立辊轧边机、送料辊、行星轧机、平整机。

行星轧机由于工作辊在轧件上的转动方向与一般轧制方向相反，无咬入能力，需要强迫送入。由于轧制过程周期性的，变形过程不连续，带钢表面轻微波纹，需平整。

任务4.4　冷轧板带钢生产工艺

厚0.1~3mm，宽100~2000mm以热轧带钢钢板为原料，常温下经冷轧机轧制成材。

4.4.1　工艺特点

(1) 金属的加工硬化。金属再结晶温度以下轧制，金属变形抗力增大，塑性、韧性下降。

（2）采用工艺润滑与冷却。工艺润滑的作用是减小金属的变形抗力、降低能耗提高辊寿命，改善带钢及钢板厚度的均匀性和表面状态。工艺冷却降低轧件变形热和轧件与轧辊的摩擦热。兼顾润滑和冷却作用的是油水混合剂——乳化液。要求以一定流量喷到轧件和辊面上时有效地吸收热量，保证油剂快速均匀黏附轧件和辊面上，形成厚度适中的油膜。

（3）采用张力轧制。常用前张力与后张力轧制。作用方向与轧制方向相同的张力称为前张力，作用方向与轧制方向相反的张力称为后张力。

张力的作用：

1）自动调节带钢的横向延伸，使轧件沿宽度方向纵向延伸均匀化，防跑偏撕裂、断裂。

2）降低轧制压力，轧制更薄的产品。在一定的轧制条件下，减小轧辊直径，降低轧制压力。

3）提高板带材的平直度。

4.4.2　重要工序及其工艺

一般用途冷轧板带钢生产工艺如图 4-11 所示。

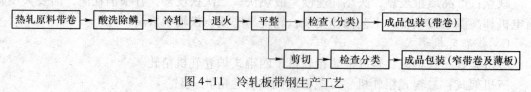

图 4-11　冷轧板带钢生产工艺

（1）原料板卷及其酸洗。以热轧带钢为原料，普通钢采用硫酸或盐酸；不锈钢、硅钢用硝酸氟酸。酸洗温度越高，酸洗时间越短。常用卧式连续盐酸酸洗机组。

（2）冷轧。

1）生产分工。按轧辊分为四辊和多辊，按机架排列分为单机架可逆式和多机架连续式。三机架连轧机用于厚度 0.6~2.0mm 的汽车钢板生产。四机架连轧机用于厚度 0.25~2.7mm 钢板生产。五机架连轧机用于厚度 0.25~3.5mm 钢板生产。六机架连轧机用于厚度 0.09mm 的镀锡板，特薄镀锌板生产。

2）可逆式冷轧机组的组成。可逆式冷轧机组由板卷运输及开卷设备、轧机、前后卷取机、卸卷装置及钢卷收集设备四部分组成。板卷运输机为链式或步进式。

3）全连续冷轧机组。全连续冷轧机组一般多为四辊式，机座数目 2~6 台，配置为连续式。

（3）冷轧板带精整。

1）脱脂。板带冷轧后进行清洗以去除板带表面上的油锈称为脱脂，防止退火后在表面生产油斑。常用方法有电解清洗、机上清洗与燃烧脱脂等。

2）退火。退火目的是为冷轧做准备，降低温度，提高塑性。常用方法有中间退火，目的是消除加工硬化，在保护气氛中光亮退火；还有成品退火，其目的是满足最终性能要求。

常用罩式退火炉，退火周期长，冷却时间长。采取快速冷却方法：保护气体在炉内或炉外循环对流，板卷之间放置直接用水冷却的隔板。连续式退火：机械性能比罩式退火好。

3）平整。小压下率的冷轧，屈服极限到最低，成型性能好，改善板形，提高平直度。分为干平整和湿平整。

4.4.3 极薄带材轧制

4.4.3.1 极薄带材轧制的特点

厚度为 0.001~0.05mm 的带材称为极薄带材。其主要应用于仪器仪表、电子、电讯、电视。极薄带材轧制的特点如下：

（1）变形抗力大，采用小直径工作辊轧机。

（2）轧机刚性高，采用多辊支承辊。

（3）单位张力和总张力高。

4.4.3.2 精密合金极薄带材的轧制工艺流程

热轧板带→酸洗→四辊轧机→热处理→四辊轧机→圆盘剪边→二十辊轧机→十二辊轧机。

4.4.4 冷轧带钢的不对称轧制

4.4.4.1 异步轧制

两工作辊线速度不相同的轧制称为异步轧制，其作用是可降低轧制压力，减小道次和轧程，减小最小的可轧厚度，提高板带钢轧制精度。

4.4.4.2 分类

（1）按变形区分类。

1）不完全异步轧制。不完全异步轧制是指变形区由前、后滑区及搓轧区组成的轧制状态，又称半异步轧制。

特点：单位压力较一般轧制明显降低；上、下辊力矩不等，上辊明显大于下辊。

2）全异步轧制。全异步轧制是指变形区全部由搓轧区组成的轧制状态。

特点：单位压力更低

（2）按轧制操作分类。异步轧制操作有拉直式异步轧制和"S"式异步轧制。

4.4.5 有机涂色钢板生产

4.4.5.1 生产方法

辊压法：将有机涂料调成浆液加热到 260℃ 时溶剂挥发，涂层固化。

层压法：将预处理的钢板用塑料膜热压黏接而成。

4.4.5.2 基板预处理

基板预处理目的是清洁并形成结合能力好耐腐蚀膜。常用方法包括脱脂、刷磨、磷化处理和钝化处理等。

4.4.5.3　涂料及涂覆工艺

常用涂料包括有机涂料、有机溶胶和塑料溶胶等。以辊式涂覆设备为主，分为基板与涂覆机同向和基板与涂覆机反向两种。涂覆工艺目的是使涂料均匀覆盖并且准确控制涂层的厚度。

任务4.5　板带钢生产设备

4.5.1　轧机

（1）二辊可逆式轧机（见图4-12）。采用可逆、调速轧制，利用上辊进行压下量调整，可以低速咬钢，高速轧钢，咬入角大，产量高，压下量大等优点。对原料适应性强，但轧机刚性差，钢板厚度公差大。

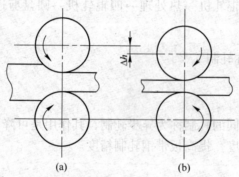

图4-12　二辊可逆式轧机轧制过程

（a）第一道轧制；（b）第二道轧制

（2）三辊劳特式轧机（见图4-13）。上下两个大直径辊和中间一小直径辊组成，上下辊由交流电机带动，而中辊靠上下摩擦带动。利用中辊升降和升降台实现轧件的往返轧制而无需辊正反转；利用上辊进行压下量调整。

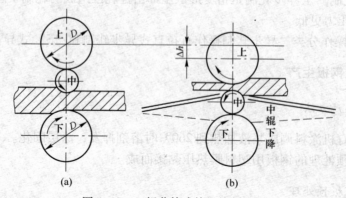

图4-13　三辊劳特式轧机轧制过程

（a）第一道中、下辊过钢；（b）第二道中、上辊过钢

（3）四辊可逆式轧机（见图4-14）。一对小直径工作辊，和一对大直径支撑辊组成。轧制过程与二辊可逆式轧机轧制过程相同。生产灵活，刚性大，产品精度高，广泛采用。

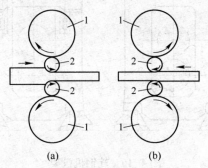

图 4-14　四辊可逆式轧机轧制过程

（a）第一道轧制；（b）第二道轧制

1—支撑辊；2—工作辊

（4）万能式轧机（见图4-15）。四辊（二辊）可逆轧机的一侧或两侧配置有立辊的轧机。

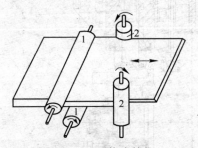

图 4-15　万能式轧机

1—水平辊；2—立辊

4.5.2　板带轧机的工作机座

四辊可逆式机座是目前板带轧机工作机座的主要机型。它主要由机架、辊系、平衡装置和压下装置等组成。

4.5.2.1　机架

轧钢机机架是工作机座的重要部件，轧辊轴承座和轧辊调整装置等都安装在机架上。机架要承受轧制力，必须有足够的强度和刚度。机架的主要形式有开口式和闭口式两种，如图4-16所示。图4-17所示为某四辊可逆式工作机座。

4.5.2.2　辊系

四辊轧机的辊系由工作辊、支承辊及轧辊轴承组成。工作辊、支承辊如图4-18所示。

（1）辊系的主要参数。辊系的主要参数包括辊径、辊身长度和轧辊的开口度。

辊径的大小要考虑产品厚度和板形；辊身长度的大小要考虑轧制的板宽，板带轧机通

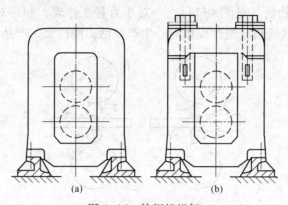

图 4-16　轧钢机机架

(a) 闭口式机架；(b) 开口式机架

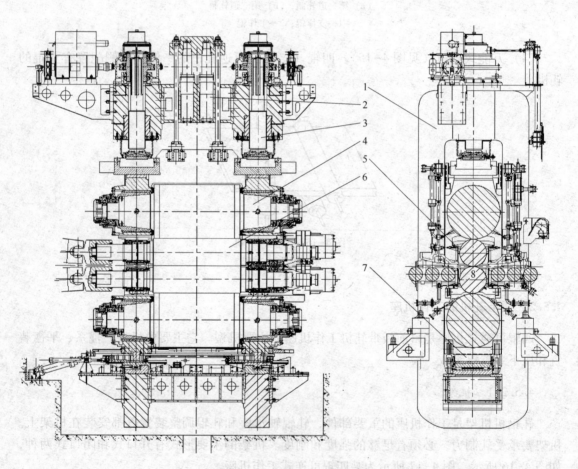

图 4-17　四辊可逆式工作机座

1—机架；2—液压平衡装置；3—电动液压压下装置；4—支承辊及轴承；
5—上下辊夹紧弯辊装置；6—工作辊及轴承；7—下辊标高调节装置

常由辊身长度来命名；轧辊的开口度要考虑轧制厚板的压缩比，精轧机座的开口度小，粗轧机座大。

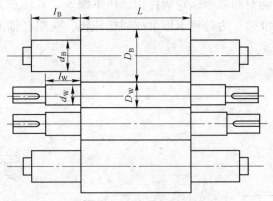

图 4-18　四辊轧机的轧辊

（2）轧辊材料。工作辊的材料为冷硬球墨铸铁；支承辊有铸钢、锻钢和镶套结构辊。镶套辊的镶套材料为 9CrMo，辊芯材料为 35CrMo。

（3）轧辊轴承。支承辊为油膜轴承，这是因为油膜轴承的承载能力高、抗冲击性能好、寿命长，且径向尺寸小，有利于提高支承辊轴颈的强度。工作辊采用滚动轴承，它不承受轧制力，滚动轴承的径向尺寸大，但拆装方便，对工作辊经常磨辊有利。某轧机下支承辊及轴承的部件如图 4-19 所示，上工作辊及轴承的部件如图 4-20 所示。

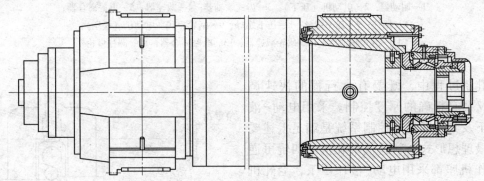

图 4-19　下支承辊及轴承的部件图

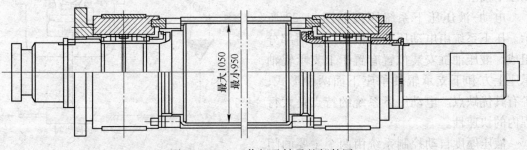

图 4-20　上工作辊及轴承的部件图

4.5.2.3　压下装置

在许多轧机上，尤其是在粗轧机座上多采用电动压下，如图 4-21 所示。两台低转动惯量的直流电动机通过两对圆弧面蜗轮蜗杆传动压下螺丝，其特点是承载能力高，自锁性能好，轧制时压下位置准确。为处理卡钢事故回松轧辊，在蜗杆轴上设有压下螺丝的回松装置。

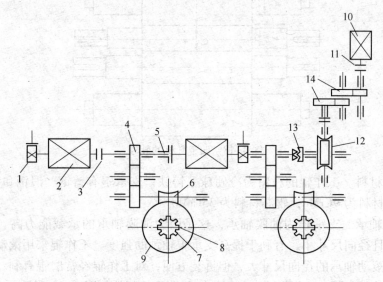

图 4-21　电动压下装置

1—制动器；2—电动机（压下）；3—齿式联轴器；4—减速器；5—电磁离合器；
6—蜗杆；7—压下螺丝；8—压下螺母；9—蜗轮；10—电动机（松压）；
11—齿式联轴器；12—蜗轮减速器；13—电磁离合器；14—圆柱齿轮

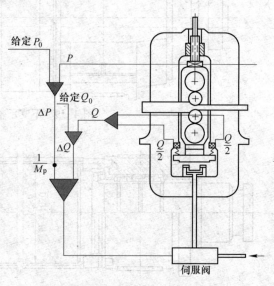

图 4-22　电动-液压压下系统原理

轧制过程中，既要有大行程的快速调整，又要有精确的厚度控制。采用电动-液压压下及其厚度自动控制系统是满足上述要求的最理想形式。新建板带轧机的四辊可逆式工作机座都采用电动-液压压下，老轧机改造都是在原有电动压下上增加短行程的液压压下油缸。

电动-液压压下系统原理如图 4-22 所示。压下系统由电动压下和液压压下两部分组成。液压油缸安装位置有置于上支承辊轴承座上方和下支承辊轴承座下面两种形式，各有其优缺点。电动压下系统的特点是大行程内的快速性。

液压厚度自动控制系统由两个主要的闭环，即位置环（液压 APC）和压力环（压力AGC）。液压 APC 实现辊缝自动控制；压力 AGC 在液压 APC 基础上实现压力补偿，是控制同板差的关键。当需要调节辊缝时，依靠位置环，由人工或自动系统给出辊缝调节量，由位移传感器反馈信号。

4.5.2.4　平衡装置

轧机的平衡装置如图 4-23 所示，下横梁 3 钩住上支承辊轴承座上的凸耳，下横梁的上端则通过连杆 2 挂在由平衡缸柱塞推动的上横梁 1 的铰链上。液压缸的向上作用力平衡上支承辊及轴承座、压下螺丝的质量，消除它们之间的间隙。

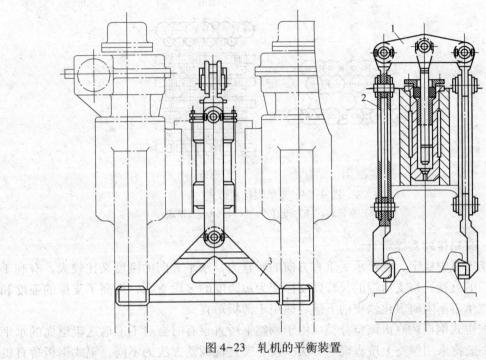

图 4-23　轧机的平衡装置
1—上横梁；2—连杆；3—下横梁

4.5.3　板带钢矫直机

（1）按支承辊排列形式分类。辊式钢板矫直机矫直辊的辊径与辊身长度的比值很小，因此辊式钢板矫直机一般都带有支承辊。按支承辊相对于矫直辊的排列形式可以分为布棋式、垂直式和交错式三种，如图 4-24 所示。

1）布棋式。如图 4-24（a）所示，支承辊布置在 2 根矫直辊之间，每根矫直辊都受到 2 根支承辊的支撑。

优点是工作辊稳定性好，能承受垂直方向的矫直力和水平方向的作用力。缺点是无法安装单独调整的导向辊；下支承辊阻碍氧化铁皮落下，因此，不能用于钢板的热矫直。这种形式在薄板矫直机上得到广泛应用。

2）垂直式。如图 4-24（b）所示，支承辊布置在与矫直辊同一个垂直平面内。

优点是热矫直时氧化铁皮降落不受下支承辊的阻碍；允许两边设单独调整的导向辊；结构简单，拆装方便。其缺点是矫直辊的水平刚度低。因此，适用于矫直辊直径比较大、水平刚度足够的热矫直机，矫直厚度比较厚的钢板。

3）交错式。如图 4-24（c）和（d）所示，支承辊成两种交错式排列形式。它是将支

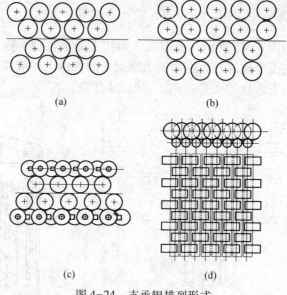

图 4-24　支承辊排列形式

（a）布棋式；（b）垂直式；（c），（d）交错式

承辊分段，交错排列支撑矫直辊。

优点是矫直辊稳定，既可承受垂直方向的矫直力，水平方向的刚度又比较大，有利于减小矫直辊的直径；将支承辊的长跨度支撑变为短跨度的多段支撑，提高了支撑的强度和刚度；下支承辊不阻碍氧化铁皮的下落。适用于薄板矫直。

（2）按辊式钢板矫直机调整分类。由于调整下矫直辊有时会对不准输送辊道面的水平线，因此一般都采用调整上矫直辊的方法。按上矫直辊调整方法的不同，辊式钢板矫直机可以分为下列四种基本形式。

1）每个上辊单独调整的矫直机。如图 4-25 所示，每个上矫直辊都有单独的压下机构进行单独调整。同时，上矫直辊又都装在可以做升降运动的横梁上，实行集体升降调整。

2）上下辊平行排列的矫直机。如图 4-26 所示。这种形式的矫直机又分为如下两种。

①全部上辊一起调整的矫直机，如图 4-26（a）所示，全部上辊相对下辊平行排列，整体升降，结构简单，可以实现小变形矫直方案和大变形矫直方案。

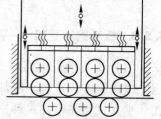

图 4-25　上辊单独调整的矫直机

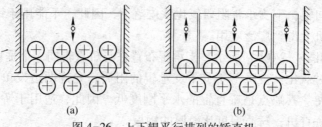

图 4-26　上下辊平行排列的矫直机

（a）全部上辊一起调整；（b）带有单独调整导向辊

②带有单独调整导向辊的平行排列矫直机，如图4-26（b）所示。矫直机的前后设2个导向辊单独调整，出口侧导辊可以克服矫直后钢板存在的残余弯曲。因此，这种矫直机采用大变形矫直方案可以保证良好的矫直质量。

3）上矫直辊倾斜排列的矫直机。如图4-27所示。上排矫直辊和支承辊装在一个可以倾斜调整的架体上，倾斜角度可以根据工艺要求进行调整。这种形式的矫直机可以使弯曲变形逐渐减小，能很好地保证矫直质量。也可以采用大变形或小变形矫直方案，调整方便，广泛地用于中、薄板矫直。

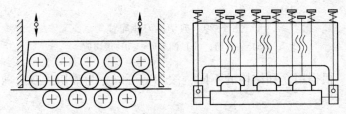

图4-27 上矫直辊倾斜排列的矫直机

4）混合排列的矫直机。如图4-28所示。一种是入口段设置平行排列，出口段为倾斜排列（见图4-28（a）），这种排列参加大变形的矫直辊数可以比单纯倾斜排列增多，矫直效果更好。另一种是中间平行排列，出、入口倾斜排列（见图4-28（b）），用于逆矫直，并改善咬入条件。这两种形式的结构都很复杂。

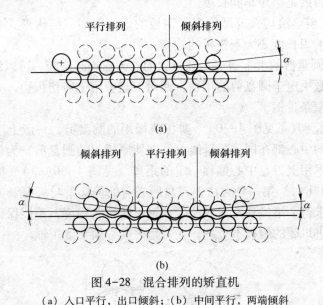

(a)

(b)

图4-28 混合排列的矫直机

(a) 入口平行，出口倾斜；(b) 中间平行，两端倾斜

4.5.4 板带的剪切设备

剪切设备是精整线上的重要设备，它完成板材剪切加工的切头、切尾、切定尺等工作。常用剪切设备有斜刃剪、滚切剪和圆盘剪，刀片配置如图4-29所示。斜刃剪的上剪刃是倾斜剪切的，倾角度数为2°~6°，有利于减小剪切力，它的缺点是剪后的钢板有压弯，不能用于定尺剪切和剖分剪切，用于切边也会使废边出现较大的弯曲，因此，现代生

产中已很少采用。滚切剪是现代厚板生产的主要剪切设备。圆盘剪主要用于剪切中、薄板。

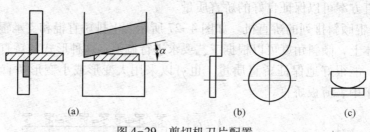

图 4-29　剪切机刀片配置
(a) 斜刃剪；(b) 圆盘剪；(c) 滚切剪

(1) 滚切剪。根据用途和结构的不同，滚切剪可以分为滚切式双边剪、滚切式剖分剪和滚切式定尺剪。

1) 滚切式双边剪。滚切式双边剪用于钢板切双边。由固定剪和移动剪组成，它们分别装在剪切线的两侧，为调整剪切宽度，移动剪的位置可以调整。出口沿着碎边剪，剪切机的入口和出口有夹送辊道，入口前有磁力对中装置，辊道两侧有激光划线。

2) 滚切式剖分剪。滚切式剖分剪用于双倍宽度钢板剖分剪切，只有一对剪刃，传动上剪刃的两个偏心轴。有双轴双偏心和单轴双偏心两种形式。在使用时剖分剪和双边剪是组合在一起的，其目的是缩短车间长度。

3) 滚切式定尺剪。滚切式定尺剪用于钢板的定尺剪切。结构形式有双轴双偏心和单轴双偏心两种，其剪刃长度要大于钢板的宽度。

(2) 圆盘剪。圆盘剪的上下剪刃是圆盘状的。刀盘连续旋转，可以纵向连续剪切钢板和带钢。刀盘的对数决定于圆盘剪的用途，两对刀盘剪用于剪切板边，多对刀盘圆盘剪则用于切边和纵剪成窄条带钢。

1) 剪切薄板圆盘剪（见图 4-30）。剪切薄板用的圆盘剪，一般上下刀盘的直径都相等，并且上下刀盘的中心都在同一条垂线上。剪切厚板用的圆盘剪，为使钢板平直、边部向下弯曲，一般都采用上刀盘中心偏移一定的距离（见图 4-30(a)）或把上刀盘的直径做小一些（见图 4-30(b)）。第一种方法上刀盘所必需的偏移量与板厚及刀盘直径有关，具体偏移值由作图法求得。第二种方法只能减少钢板的弯曲程度，不能保证绝对平直。采用这两种方法，为使进口侧的钢板不上翘，在刀盘之前必须装置压辊。

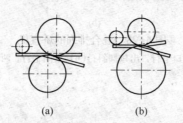

图 4-30　保证钢板切后平直的方法
(a) 偏移刀盘中心；(b) 不同刀盘直径

2) 剪切厚板圆盘剪。厚板剪切线上的圆盘剪用于切边，都有两对刀盘。图 4-31 为厚板圆盘剪结构图，传动示意图如图 4-32 所示。

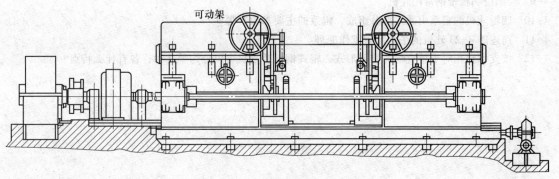

图 4-31　剪切厚板圆盘剪结构

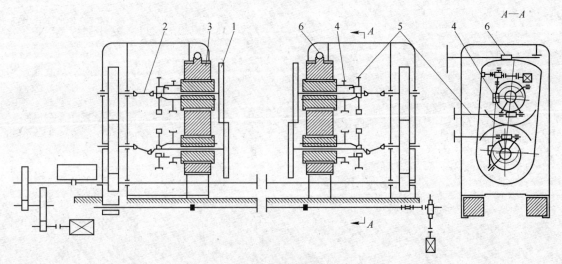

图 4-32　剪切厚板圆盘剪传动

1—刀盘；2—万向接轴；3—偏心套；4—刀盘中心距调节机构；

5—刀盘间隙调整机构 ；6—上刀盘偏移机构

厚板剪切线上的圆盘剪主要结构包括机架移动装置、刀盘侧向间隙调整机构、刀盘中心距调整机构、刀盘传动装置、上刀盘偏移机构和碎边机。

 习　题

4-1　钢板有几种分类方式？请具体说明各种分类。

4-2　中厚板生产工艺过程由哪几部分组成？

4-3　除鳞目的是什么，常用除鳞方法有哪几种？

4-4　连续式加热炉加热过程分为哪几段，各段作用是什么？

4-5　中厚板的粗轧方法有哪些，各有何特点？

4-6　辊型对板尾有哪些影响？

4-7　冷轧板带钢生产采用张力轧制，其张力作用有哪些？

4-8　何为异步轧制，按变形区分为哪两类？简述其特点。

4-9　绘图说明板带钢常用轧机。

4-10　四辊轧机的辊系由哪几部分组成，辊系的主要参数有哪些？

4-11　简述图 4-23 轧机的平衡装置工作原理。

4-12　按支承辊相对于矫直辊的排列形式，辊式钢板矫直机可以分为哪几种，各有什么特点？

模块 5 钢管生产技术

任务 5.1 初识钢管生产

钢管是两端开口并具有中空断面，而且其长度与断面周长之比较大的钢材。钢管是一种经济钢材，通常占全部钢材总量 10% 左右，它在国民经济中的应用范围极为广泛。由于钢管具有空心断面，因而最适合作流体的输送管道。近年来，随着原子能、火箭、导弹和航天工业等新技术的发展，钢管在国防工业、科学技术和经济建设中的地位日益重要，有着工业"血管"之称。

5.1.1 钢管分类

（1）按生产方式分类。根据生产方式钢管可分为无缝管和焊管两大类。无缝钢管又可分为热轧管、冷轧管、冷拔管和挤压管等；焊管分为直缝焊管和螺旋焊管等。

（2）按钢管的断面形状分类。按横断面形状钢管可分为圆管和异形管。异形管可以分为矩形管、菱形管、椭圆管、六方管、八方管以及各种断面不对称管等。按纵断面形状可分为等断面管和变断面管。

（3）按钢管的材质分类。根据材质钢管分为普通碳素钢管、碳素结构钢管、合金结构管、合金钢钢管、轴承钢管、不锈钢管以及为节省贵重金属和满足特殊要求的双金属复合管、镀层和涂层管等。

（4）按管端形状分类。根据管端状态可分为光管和车丝管。车丝管是指带螺纹钢管，车丝管又可分为普通车丝管和特殊螺纹管。普通车丝管主要作为输送水、煤气等低压用管，采用普通圆柱或圆锥管螺纹连接；特殊螺纹管主要作为石油、地质钻探用管。

（5）按 D/S 比值分类。根据不同外径（D）和壁厚（S）的比值，将钢管分为特厚管（$D/S \leqslant 10$）、厚壁管（$D/S = 10 \sim 20$）、薄壁管（$D/S = 20 \sim 40$）和极薄壁管（$D/S \geqslant 40$）。

（6）按用途分类。根据用途钢管可分为油井管（套管、油管及钻杆等）、管线管、锅炉管、机械结构管、液压支柱管、气瓶管、地质管、化工用管（高压化肥管、石油裂化管）、船舶用管等。

5.1.2 钢管生产方法

钢管的生产方法主要有热轧（包括挤压）、焊接和冷加工三大类。

（1）热轧无缝钢管。将实心管坯（或钢锭）穿孔并轧制成具有要求的形状、尺寸和性能的钢管。整个过程有三个主要变形工序：穿孔、轧管和定减径。穿孔工序将实心坯（锭）轧制成空心毛管；轧管工序将毛管轧成接近要求尺寸的荒管；定减径工序将荒管不带芯棒轧制成具有要求的尺寸精度的成品管。

热轧无缝钢管一般工艺流程如图 5-1 所示。

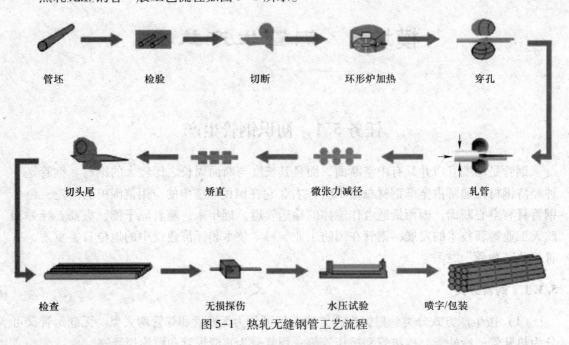

管坯　　　　　　检验　　　　　　切断　　　　　环形炉加热　　　　　穿孔

切头尾　　　　　　矫直　　　　　微张力减径　　　　　轧管

检查　　　　　　　　无损探伤　　　　　　水压试验　　　　　喷字/包装

图 5-1　热轧无缝钢管工艺流程

（2）焊接钢管生产方法。将管坯（钢板或钢带）用各种成型方法弯卷成要求的横断面形状，然后用不同的焊接方法将焊缝焊合的过程。成型和焊接是其基本工序。焊管生产一般工艺流程如图 5-2 所示。

（3）冷加工。钢管的二次加工，方法有冷轧、冷拔和冷旋压三种。主要用于生产小直径、精密、薄壁和高强度的管材。冷轧机和冷旋压机的规格用其产品规格和轧机形式表示；冷拔机规格用其允许的额定拔制力来表示。

冷轧钢管一般工艺流程如图 5-3 所示。

下面以热轧无缝钢管为例介绍钢管生产。

任务 5.2　管坯准备与加热

5.2.1　连铸圆管坯的锯切

当供应管坯长度大于生产计划要求的长度时，需要将管坯切断。

（1）剪断法。剪断机的生产率高，剪断时无金属消耗。但由于断口处有压扁现象而且容易切斜，同时剪断机在剪切高合金钢时也容易切裂，所以剪断机一般只适用于剪切次数多、产品为低合金钢和碳钢的小型机组上。

（2）火焰切割法。火焰切割的管坯断面平整，切缝约在 6~7mm 左右，并且一次投资费用较为低廉。同时火焰切割机生产灵活，既可切割圆坯也可切割方坯，对于大多数钢号的管坯都能切割。其缺点是采用一般的火焰切割方法，对含碳量超过 0.45%（质量分数）的碳钢和一些合金钢不适用。同时会有金属消耗、氧气和气体消耗及造成车间污染等问题。

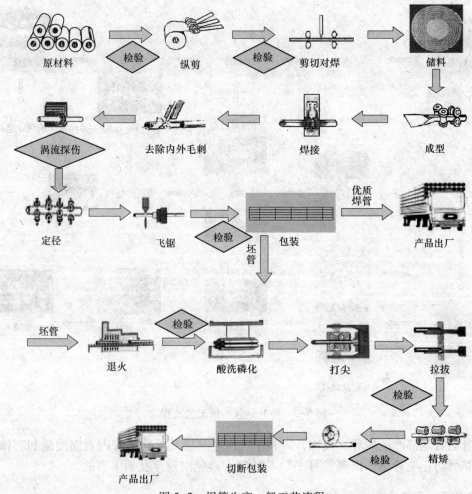

图 5-2 焊管生产一般工艺流程

（3）锯断法。锯断机锯切的管坯其端面平直，便于定心，在穿孔时易于操作，空心坯（毛管）壁厚相对来说也较均匀，同时各种钢号的管坯均可用于冷锯机锯断。但其缺点是生产率较低，锯片损耗大。锯断法是切断质量最好的方法，它被广泛应用于合金钢特别是高合金钢管坯的切断。

一个切断周期包括夹紧、管坯切断、锯片返回、打开夹紧装置和管坯出料以及切头、切尾的时间。管坯锯一般为卧式圆盘锯。

5.2.2 管坯定心

5.2.2.1 定心作用

热轧无缝钢管生产时为了在穿孔时顶头鼻部正确地对准管坯的前端，因此在管坯穿孔前在管坯前端加工出一个浅圆孔，这个工序称为定心。在轧制一些变形抗力较大的材料时，有的工厂在管坯入炉前在管坯的后端或前、后两端端面的中心钻孔，前端定心可以防止穿孔时穿偏，减小毛管壁厚不均，并改善斜轧穿孔的二次咬入条件；后端定心是为了消

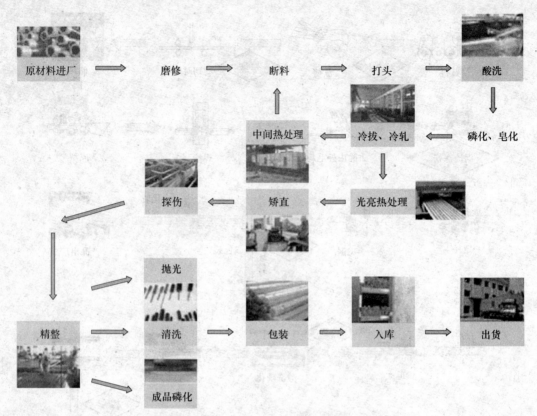

图 5-3　冷轧钢管一般工艺流程

除穿孔时毛管尾部产生的环状飞边，以利于轧前穿芯棒及提高钢管内表面质量和芯棒使用寿命，并可防止毛管尾部出现"耳子"等缺陷，避免出现穿孔后卡事故。

5.2.2.2　管坯定心的方法

管坯定心有热定心和冷定心两种。

热定心是在管坯加热后，用压缩空气或液压在热状态下冲孔，设备设置在穿孔机前台处，这种方法效率高，没有金属消耗，设备简单，应用比较广泛，同时由于冲头形状与顶头鼻部形状相适应，能获得良好的定心孔尺寸。国内对于碳钢和一般合金钢，大多采用热定心。

冷定心是指在管坯加热前，在专门机床上钻孔，它的特点是定心孔尺寸精度高，但要损失一部分金属。因此冷定心仅在生产高合金钢和重要用途钢管时采用。

5.2.2.3　热定心设备

目前，国内各无缝钢管厂的热定心机形式主要有以下三种。

（1）炮弹式热定心机。如图 5-4 所示，这是用高速冲头一次冲成定心孔。对小直径的管坯，由于单重轻，易于把管坯冲跑，甚至飞出冲头，很不安全，故很少厂家采用。

（2）液压式热定心机。管坯由液压夹紧机构夹紧，工作液压缸带动冲头，冲击管坯形成定心孔，国内普遍采用。采用自动调心装置，孔穴质量好，生产安全、可靠。但设备体积庞大，投资多，制造周期长。

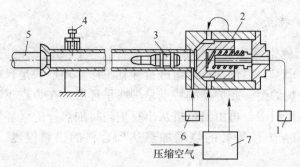

图 5-4　炮弹式热定心机示意

1—电磁换向阀；2—快速阀；3—冲头；4—调整架；

5—管坯；6—抽气阀；7—储气罐

（3）风镐式热定心机。这是由汽缸推动风镐多次冲击管坯形成一个定心孔。特点是：孔穴质量好，生产安全、可靠；设备体积小，投资少，制造周期短；必须经过多次冲击，定心高度需要调整。

5.2.2.4　连铸圆管坯的冷定心

单体钻孔机工作循环包括夹紧管坯、钻头快速进给、钻头钻孔、钻头快速返回和夹紧系统打开。

钻孔机前进给系统：钻孔机前进给系统由无刷电机和旋转滚道构成。

夹紧系统：夹紧系统是钻孔机的主要结构，由两个水平固定的垂直"V"形液压缸构成，调整垂直入口高度以夹紧不同直径的管坯。

润滑系统：分别对钻头、钻头进给轴、夹紧系统进行润滑。

液压系统：包括所有液压缸、夹紧块等。

电器控制系统：全部操作由 PLC 控制系统控制，包括设置工作参数和检查设备状态。

保护罩：一是对钻孔机周围操作人员进行安全防护，二是防护钻孔时的铁屑和碎片。

铁屑收集系统：将被压缩空气吹走的铁屑集中收集，并通过收集链移走。

5.2.3　环形炉加热

环形炉加热如图 5-5 所示。

图 5-5　环形炉加热

5.2.3.1　环形炉特点

环形炉在热轧无缝钢管生产线中的作用是将管坯锯切之后的合格定尺管坯由常温（20℃）加热到1280±5℃，以供穿孔机组进行穿孔工序。环形炉是目前世界上用于加热圆管坯的最理想的工业炉炉型。此炉型的特点是炉底呈环形，在炉底驱动装置的作用下承载管坯由入料端旋转至出料端，再由出料机从出料炉门将加热好的管坯取出。在管坯随炉底运动过程中通过炉墙、炉顶等处的烧嘴加热达到合格的出料温度，并满足温度均匀性要求。

（1）环形炉优点。

1）环形炉最适合加热圆管坯，并能适应各种不同直径和长度的复杂坯料组成，易于按管坯规格的变化调整加热制度。

2）管坯在炉底上间隔放置，坯料能三面受热，加热时间短，温度均匀，加热质量好。

3）管坯在加热过程中随炉底一起转动，与炉底之间没有相对运动和摩擦，氧化铁皮不易脱落。炉子除装出料门外无其他开口，严密性好，冷空气吸入少，因而氧化烧损较少。

4）炉内管坯可以出空，也可以留出不装料的空炉底段，便于更换管坯规格，操作灵活。

5）装料、出料和炉内运转都能自动运行，操作的机械化和自动化程度高。

（2）环形炉的缺点。

1）炉子是圆形的，占用车间面积较大，平面布置上比较困难。

2）管坯在炉底上呈辐射状间隔布料，炉底面积的利用较差，单位炉底面积的产量较低。

5.2.3.2　环形炉结构

环形炉由转动的炉底和固定的炉墙、炉顶组成，如图5-6所示。

管坯由装料机 A 送入环形炉并放置在炉底上，随炉底一起转动，在转动过程中，被安装在炉子侧墙和炉顶的烧嘴加热，转动一圈后，由出料机 B 将被加热好的管坯取出。环形炉炉内烟气按照与炉底转动相反的方向

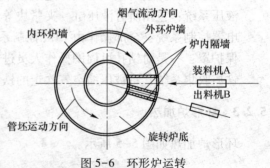

图5-6　环形炉运转

流动，加热管坯后废气经由装料端内环侧墙上的排烟口排出炉外。

5.2.3.3　炉子机械

（1）装出料机。装出料机都是由一个固定的钢架和安装在钢架上的操作小车组成，操作小车又由带有夹钳的机械臂的提升装置组成。操作小车的运动用电机驱动，夹钳用液压缸开闭，所有暴露在炉膛高温下的机械部件都采用水冷，装有绞盘，在紧急情况下把机械臂从炉内退出。

装出料机可以同步工作，也可以分别工作，所有动作都是由液压传动来完成的。装出

料机的动作可以近似看为一个矩形，机械臂提升→前进→下降→夹钳打开（夹紧夹钳）→提升→后退。

（2）炉底装置。环形炉的中枢部分是在炉底结构。转动炉底是由一个型钢制成的双层钢架，上下两层钢架之间不是紧固连接的。上层钢架承载炉底耐火材料，下层钢架的横断面呈梯形，可把传动设备、支撑辊、定心辊布置在炉底两侧，有利于设备的更换和维修。

环形炉通过均匀分布在炉底圆周上的两台液压马达销轮和柱销装置驱动，柱销安装在炉底下层钢架的外环侧。炉底可以反向转动，通过液压靠紧装置可以保持传动销轮和柱销之间始终能良好的咬合。

（3）定心辊和支承辊。为了使炉底以一个固定中心转动，采用了水平定心辊来实现定心，即沿圆周设有 12 组带弹簧压紧装置的弹簧式定心辊。定心是从内环方向向外顶住炉底下层钢架来实现。定心力的大小通过调节弹簧的压力来实现。

（4）炉门开闭机械。装料门、出料门和清渣门用加筋的钢结构制成，内衬以浇注料，传动采用液压缸，炉门的开闭与装、出料机操作连锁。

5.2.3.4　炉子的供热与燃烧系统

环形炉烧天然气，按照加热制度分为七个控制段供热，从装料门开始，第一段为预热段，中间四段为加热段，第六段为均热段，第七段为出料段。

燃烧系统由一台助燃风机、空气管道、一台烟气稀释风机、一台空气换热器、一套燃气分配系统和烧嘴构成。换热器是由许多无缝钢管组成的。钢管内部走空气，换热器置于烟道内，这样，钢管内的空气就被加热了。由于烟气的走向和空气的走向是相反方向的，所以叫做逆流管状换热器。将冷空气送至换热器，将热空气从换热器送至各段烧嘴处，供燃烧用。冷空气管道用钢管制成，热空气管道用岩棉包扎起保温作用，外有镀锌铁皮壳保护。

5.2.3.5　烟囱

（1）作用。产生抽力，使炉内烟气经烟道排向大气。

（2）结构。烟囱为自立式钢烟囱，内衬绝热材料。烟囱的抽力决定烟囱的高度和烟气温度。烟囱高度升高，烟气温度升高，则抽力增大，同时要求烟囱要有良好的气密性，才能保证烟囱的设计抽力。

任务 5.3　毛 管 生 产

5.3.1　穿孔方式

无缝钢管生产中的穿孔工序是将实心的管坯穿成空心的毛管。管坯的穿孔方式有压力穿孔、推轧穿孔和斜轧穿孔，如图 5-7 所示。

（1）压力穿孔。如图 5-7（a）所示，压力穿孔是在压力机上穿孔，这种穿孔方式所用的原料是方坯和多边形钢锭。工作原理是首先将加热好的方坯或钢锭装入圆形模中（此圆形模带有很小的锥度），然后压力机驱动带有冲头的冲杆将管坯中心冲出一个圆孔。这种

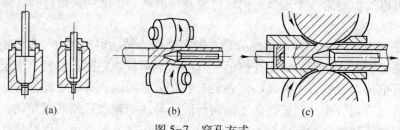

图 5-7　穿孔方式

穿孔方式变形量很小，一般中心被冲挤开的金属正好填满方坯和圆形模的间隙，从而得到几乎无延伸的圆形毛管。

（2）推轧穿孔。如图 5-7（b）所示。推轧穿孔是在推轧穿孔机上穿孔，这种穿孔方式是压力穿孔的改进。把固定的圆锥形模改成带圆孔型的一对轧辊。这对轧辊由电机带动反向旋转（两个轧辊的旋转方向相反），旋转着的轧辊将管坯咬入轧辊的孔型，而固定在孔型中的冲头便将管坯中心冲出一个圆孔。为了便于实现轧制，在坯料的尾端加上一个后推力（液压缸），因此称为推轧穿孔。这种穿孔方式使用方坯，穿出的毛管较短，变形量很小。

（3）斜轧穿孔。如图 5-7（c）所示。这种穿孔方式被广泛地应用于无缝钢管生产中，一般使用圆管坯，靠金属的塑性变形加工来形成内孔，因而没有金属的损耗。

斜轧穿孔机按照轧辊的形状可分为锥形辊穿孔机、盘式辊穿孔机和桶形辊穿孔机。按照轧辊的数目分又可分为二辊斜轧穿孔机和三辊斜轧穿孔机。二辊斜轧穿孔机分为卧式（轧辊左右放置）和立式（轧辊上下放置）两种。

5.3.2　穿孔机设备

穿孔机设备由主传动、前台、机架和后台四大部分组成。

（1）主传动。穿孔机的主传动电机可以使用直流电机或交流电机。直流电机一般通过传动轴直接与轧辊连接，而交流电机则通过减速机和传动轴与轧辊连接。

一个机组可以使用一个电机，即一个电机连接减速机，减速机输出两个输出轴。也可以两个电机串联后再接减速机单独驱动一个轧辊。

穿孔机使用的接轴有万向接轴和十字头接轴。十字头接轴具有良好的调节性能，无论在水平面和垂直平面内都可以产生相对的角位移。

（2）前台设备。一般包括受料槽、导管和推钢机。

（3）机架。机架中包括机座、轧辊和导向设备（导盘或导板）。

1）轧辊。穿孔机轧辊形状常用的是桶形辊和锥形辊。桶形辊和锥形辊一般是由两个锥形段组成的，即入口锥和出口锥。

斜轧穿孔机不管轧辊的形状如何，为了保证管坯拽入和穿孔过程的实现，都由以下三部分组成：穿孔锥（轧辊入口锥）、辗轧锥（轧辊出口锥）和轧辊压缩带（由入口锥到出口锥之过渡部分）。如图 5-8 所示。

2）穿孔机机座（牌坊）。穿孔机的机座大多包括以下

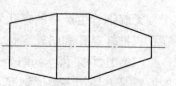

图 5-8　穿孔机的轧辊

几部分：

①转鼓又称为轧辊箱。作用是放置轧辊，轧辊在转鼓内滑动或与转鼓紧固在一起。

②轧辊倾角调整装置。常用的驱动设备是电机+蜗轮蜗杆+定位器（编码器），作用在转鼓上。一般放置的位置在牌坊的侧面。由于立式穿孔机的下转鼓在水平面以下，冷却水及氧化铁皮的长时间冲刷，工作环境恶劣，给电机的维护带来困难，用液压马达替代电机可以解决此问题。

③轧辊倾角调整的平衡装置。与轧辊倾角调整装置组合，消除穿孔过程中产生的间隙和冲击。根据转鼓的形状不同，安装的位置可以与倾角调整装置在一侧或另外一侧。常使用液压缸实现此功能。

④轧辊的平衡装置。作用是消除穿孔过程中对轧辊的瞬间冲击。

⑤机盖。机盖上一般安装轧辊间距的调整装置。

（4）后台设备。后台设备主要包括定心辊、毛管回送辊道、顶杆小车、顶杆小车的止推座及将毛管从穿孔机组运送到轧辊机组的运输设备，常见的运输设备有传送链、回转臂和电动车。

由于顶杆很长且直径较小，因此顶杆的刚度较差。为了增加顶杆刚度和防止顶杆在穿孔过程中的抖动，在穿孔机的后台设置定心辊装置。老式穿孔机因毛管较短，定心辊的数目一般为 3~4 架，随着毛管长度的增加现代的穿孔机定心辊数目为 6~7 架。每一台定心辊装置有三个互为 120° 布置定心辊组成，即上定心辊和 2 个下定心辊。

在轧制过程中定心辊的另外作用是：当毛管未接近定心辊时，三个定心辊将顶杆抱住，并随顶杆而转动。作用是使顶杆轴线始终保持在轧制线上，不至于因弯曲而产生甩动。当毛管接近定心辊时，上下定心辊同时打开一定距离（小打开位置），使毛管进入三个定心辊之间，毛管就在三个定心辊中旋转前进，起导向的作用。当一只毛管完全穿透之后，上定心辊向上抬起一个较大的距离（大打开位置），布置在定心辊之间的升降辊同时将毛管托住。定心辊的驱动最早是由气缸完成的，使用在小机组上，后来被液压缸代替。

小打开位置调整一般通过调整丝杠来限制液压缸的行程，最新型的液压缸缸体内带有位置检测装置，调整行程只需在调整终端上修改数值即可，具有简单、安全、快捷的优点。

5.3.3　顶头

穿孔顶头如图 5-9 所示，它是无缝钢管生产中消耗量最大的关键工具之一。由于穿孔顶头的工作条件恶劣，顶头是在高温、高压和急冷急热的条件下工作，经受着机械疲劳和热疲劳的作用，故顶头常以塌鼻、黏钢、开裂等失效形式报废。

5.3.3.1　顶头类型

顶头的种类按冷却方式来分，有内水冷、内外水冷、不水冷顶头（穿孔过程和待轧时间内都不冷却，主要指生产合金钢用的钼基顶头）。

按顶头和顶杆的连接方式来分，有自由连接和用连接头连接顶头。

按水冷内孔来分，有阶梯形、锥形和弧形内孔顶头。

按内孔与外表面之间的壁厚来分，有等壁和不等壁两种。

图 5-9　顶头

按顶头材质分，有碳钢、合金钢和钼基顶头。

从扩径段分有 2 段式、3 段式、4 段式，扩径率小于 20% 用 2 段式顶头，大于 20% 用 3 或 4 段式顶头。

5.3.3.2　顶头冷却

为延长顶头的使用寿命，应通过提高冷却水的压力来改善顶头的冷却，尤其是顶头的前部。使用内水冷主要是为了降低顶头内部温度，应尽可能降到最低水平。

5.3.3.3　影响顶头寿命的因素

管坯材质，合金含量越高，变形抗力越大，顶头寿命越低；顶头化学成分和热处理工艺决定顶头寿命；穿孔时间和管坯长度越长，顶头温度越高，顶头越容易变形和损坏。

顶头在穿孔过程中，顶头承受着交变热应力、摩擦力及机械力的作用，力的大小影响顶头的寿命。

5.3.4　顶杆

顶杆如图 5-10 所示。

图 5-10　顶杆

5.3.4.1　顶杆的冷却形式

顶杆的冷却形式主要有两种，一种为顶杆不循环，此种方式顶杆一般为内水冷式，而顶头为外水冷式，每穿孔一次更换一个顶头或者直到一个顶头损坏才更换；另一种方式为顶杆循环使用，此种顶杆结构简单、维护方便，每组一般需要6~12支才能循环使用。

5.3.4.2 顶杆与顶头的连接使用方式

（1）顶头与顶杆连接在一起一同进行循环的。顶头损坏后需要离线进行更换，一般情况下，一组顶杆6~7支，冷却站在轧线之外，占地面积较大。

（2）顶头在线循环。即使用一支顶杆，每穿孔一次，顶头更换一次，一般情况下使用三个顶头，顶头循环的次序是1，2，3，1，2，3，…，1，2，3。这种方式只更换顶头，使用方便，生产节奏快。但要求顶头的定位精确，工具加工精度高，设备运转正常，否则，容易发生顶头与顶杆连接不牢，顶头脱落的情况。

（3）一个顶头/顶杆单独使用。当顶头损坏后，须在线更换顶头顶杆。

任务 5.4 荒 管 生 产

5.4.1 ASEEL 轧管生产

阿塞尔轧管机（ASSEL Mill）采用三个轧辊，因此一般称之三辊轧管机。如图 5-11 所示。

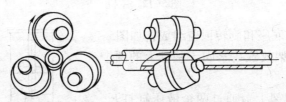

图 5-11 三辊轧管机

阿塞尔轧管机主要包括四部分，即前台入口端、主机、后台出口端和传动系统。

（1）前台入口端。前台入口端主要由以下系统组成。

1）毛管移送系统。该系统是由一个杠杆式移送臂将毛管送入插芯棒位置。

2）芯棒移送系统。芯棒通过法兰盘与小车连接，带有预旋转装置的芯棒小车在底座导轨上水平往返移动，芯棒小车的往返水平移动由双链轮传动系统驱动；为保证轧制时芯棒移动速度处于控制状态，由安装在导轨底座上的两个液压缸来限制芯棒小车在轧制过程中的前进速度，芯棒的冷却由配制在小车上的水管接头从小车尾部插入芯棒进行内水冷；在芯棒小车导轨中间的芯棒托辊托住芯棒，确保芯棒平稳插入毛管，在芯棒小车前进和后退过程中四个芯棒托辊依次抬起或依次落下，避免与小车相撞。

3）可调式三辊定心装置。该装置分布在芯棒移送系统和轧机之间，它的作用一是抱毛管，二是抱芯棒，三是打开接受毛管。

4）芯棒润滑系统。该系统是在芯棒小车止推器与最末可调式三辊定心装置之间，在芯棒插入毛管的过程中对芯棒工作带进行轧制前的润滑。

5）升降输送辊、轧机前调整辊和夹送辊。升降输送辊、轧机前调整辊和夹送辊是用来确保毛管准确送入轧辊。

6）挡管器。挡管器是确保芯棒插入毛管的一个装置。

（2）主机。主机如图 5-12 所示。

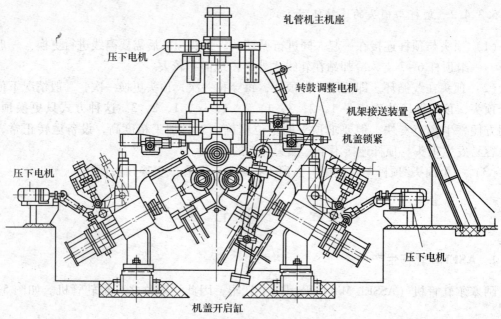

图 5-12　主机

1）机架。由牌坊底座和旋转顶盖组成，如图5-12 所示。整个牌坊机架放置在紧固于基础上的两个底板上。

2）更换轧辊。机架上盖通过两个液压缸打开，落在一个撑接支架上，以便三个轧辊通过吊车和换辊装置进行更换。牌坊底座和旋转顶盖在轧制期间由四个液压夹紧缸锁紧。三个工作辊安装在轧机机架上，呈 120°布置，按这种方式顶部一个轧辊，底部两个轧辊。三个工作轧辊装配包括带轴的轧辊、耐磨轴承和两个轴承箱，装配后形成一个更换件，该更换件装入轧辊座内。

3）轧辊调整装置。保证按照轧制要求调整孔喉和辗轧角，由两个电动压下丝杠完成，它们可单独操作，也可以同时操作，如图 5-13 所示。当两个压下丝杠进行反向运动时，可调整轧辊的辗轧角，确定辗轧角后，两个丝杠同时压下或抬起可调整轧辊的孔喉尺寸。在两个压下丝杠之间，机架内有一个液压缸与轧辊座连接，它的作用是保持辊箱的稳定，避免压下丝杠端部与转毂之间产生间隙，我们称之为平衡缸。轧辊座（小转毂）安装在转毂（大转

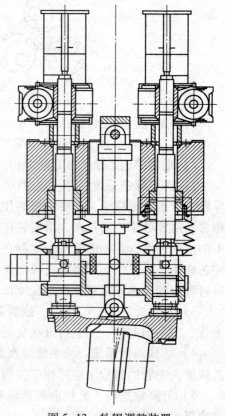

图 5-13　轧辊调整装置

毂）内，当调整喂入角时，转毂就由一个主轴传动系统旋转到适当角度。每个转毂都有一个独立的传动系统，每个转毂都有两个液压夹紧缸锁紧。在上辊出料侧的压下丝杠、轧辊调整装置和轧辊轴承座之间，安装了一个液压快开装置。

（3）后台出口端。为防止荒管表面划伤和薄壁管发生表面扭曲现象，在轧机出口处装有一个辊式导向装置，它同两条与轧制方向平行排列的长驱动辊相连，长驱动辊以均匀的转速导卫钢管前进，当轧制结束时，上导辊抬起，两个下导辊之间的输送辊抬起，夹送辊压下，通过输送辊驱动将荒管送往后面的输送辊道。长驱动辊底座根据荒管直径的不同，可整体上下调整中心线。如图 5-14 所示。

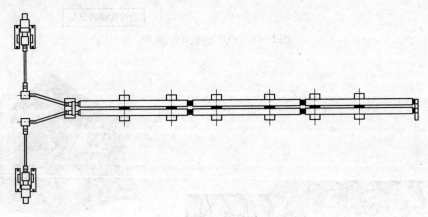

图 5-14　辊式导向装置

（4）传动系统。每个轧辊均有独立的传动系统，由万向接轴、减速机和电机组成，轧机采用后台传动方式。

5.4.2　PQF 轧管生产

该套连轧机组为限动/半浮动芯棒连轧管机组，又称为 PQF（Premium Quality Finishing 高效、优质、精轧管）机组。它是目前世界最先进的连轧管设备，采用三辊连轧钢管孔型设计、独特的轧辊压下、平衡方式、先进的自动化控制管理系统等方面均在轧管领域最前沿。

5.4.2.1　工艺流程

PQF 工艺流程如图 5-15 所示。

5.4.2.2　PQF 主机

（1）机架形式。连轧机组为 1 架 VRS（Void Reduce Stand 空减机架）和 5 架 PQF 连续布置。各机架之间由钩子连接。牌坊为隧道式，如图 5-16 所示。连同 VRS，各机架均为三辊轧制，每个轧辊由一台电机单独驱动。三个轧辊互成 120°，前后机架轧辊互成 60°布置。如图 5-17 所示。

（2）压下装置。压下装置采用液压伺服压下，液压缸头直接作用在"C"形臂上，每个轧辊只用一个压下头。各液压缸与轧辊对应布置在牌坊上。压下装置如图 5-18 所示。

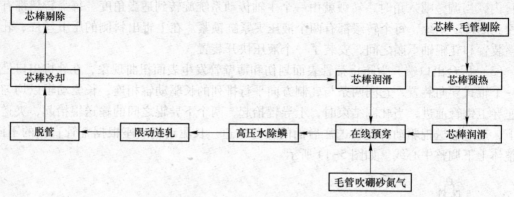

图 5-15　PQF 连轧工艺流程

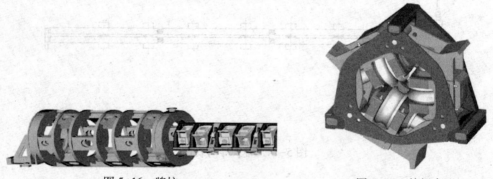

图 5-16　牌坊　　　　　　　　　　　　　图 5-17　轧辊布置

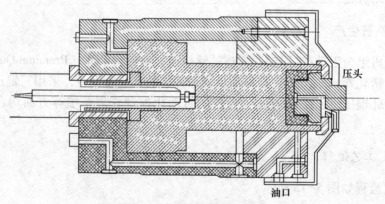

图 5-18　液压伺服压下装置

　　工作原理为需要调整辊缝时，若需要压辊缝，通过油口向缸体内加油增压，推动缸头下压。若需要抬辊缝，油口向外排油减压，在平衡力作用下轧辊抬起。之所以称伺服液压压下，是因为在缸体内装有位置传感器。由它随时检测缸头的位置，同时检测缸体内压力变化。通过它反馈的信号值，系统进行轧制参数计算和校核。当检测到压力过载时，信号立即反馈给系统，油口排油减压，达到保护设备的作用。

　　（3）平衡装置。PQF 三辊轧机轧辊的平衡装置为液压缸带动一拨叉，拨叉压在"C"形臂的"肩"上，压下装置的力是向轧制中心线的力，平衡力是反力。由于 PQF 的布置方式，三个平衡叉中，上两个为单向拨叉，下面的一个为双向拨叉。平衡叉结构如图 5-19 所示。

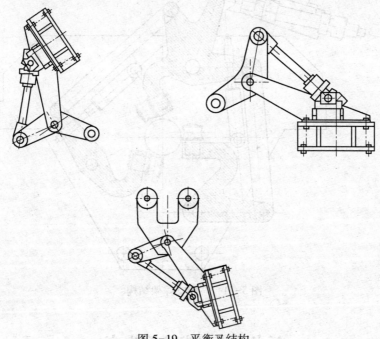

图 5-19　平衡叉结构

（4）锁紧装置。如图 5-20 所示。当支撑缸将机架升起后，机架一侧的底座上有"^"形突起，它可以嵌入牌坊上的另一个"^"形槽，以此实现横向锁紧。当机架及芯棒支撑机架推入牌坊之后，沿轧制线轴向上须锁紧。在入口侧，由第一架芯棒支撑架固定，出口侧装有三个斜楔。当机架到位后，斜楔扣住。扣板上侧为斜楔形，牌坊头装有液压缸推动的另一半斜楔，它向下压下以锁紧机架，使各机架紧紧挤在一起。

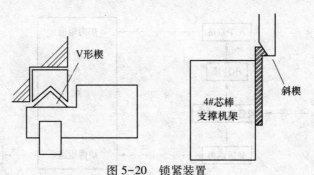

图 5-20　锁紧装置

（5）芯棒支撑架。芯棒支撑架结构如图 5-21 所示。在连轧机架之间有 4 个三辊式芯棒自对中装置，这些机架都带有依芯棒规格进行调整的装置。芯棒支撑辊由液压缸控制，在没有毛管通过时抱住芯棒，使芯棒处在轧制中心线上。当毛管逐架轧到之前，支撑辊打开使毛管处于轧辊轧制下，芯棒位置由轧制孔型确定在轧制线上。从结构上保证芯棒处于轧制中心线，使轧出的管子减少壁厚不均等缺陷。这四架三辊支撑架分别位于 VRS 前、1~2 之间、3~4 之间和第 5 架之后。

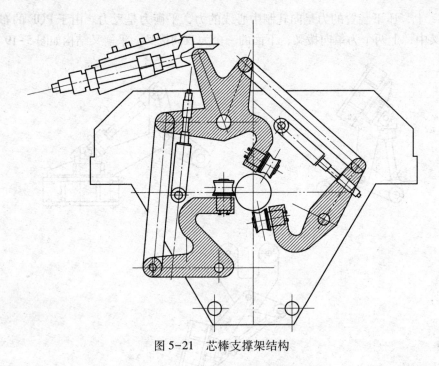

图 5-21　芯棒支撑架结构

任务 5.5　成品管生产

5.5.1　再加热工艺与设备

5.5.1.1　再加热工艺

再加热工艺流程如图 5-22 所示。

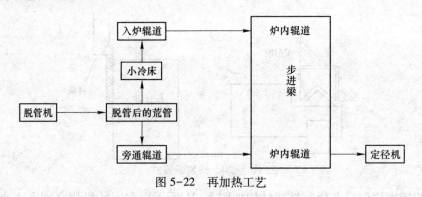

图 5-22　再加热工艺

5.5.1.2　再加热设备

荒管加热工艺制度要求温度均匀、控制准确、变化频繁的工艺特点，使得荒管再加热炉的设计与其他类型的加热炉有较大差别。步进梁式炉是当今世界上无缝荒管生产线上采用最为广泛的再加热炉型。

再加热炉炉子结构示意如图 5-23 所示。要入炉的荒管在炉外一定距离处等待，当接到允许荒管入炉信号后，炉外辊道及炉内装料悬臂辊道启动，待荒管运行到指定位置后装料悬臂辊道停止转动。装料辊道采用交流无级变频调速，借助光电管发出的信号使入炉荒管快速准确的定位。

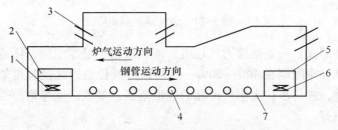

图 5-23 再加热炉炉子结构
1—入炉辊道；2—装料门；3—烧嘴；4—钢管；5—出料门；
6—出炉辊道；7—带弧形齿的步进梁和固定梁

进入炉内的荒管在装料辊道上定位后，随即被用耐热钢铸造的步进梁（包括活动梁和固定梁）支托，并通过活动梁上升—前进—下降—后退的周期运动从装料端向出料端移送。步进梁的形状是经过专门研究的弧形齿槽，不但适合于荒管的等间距布置，而且荒管在每前进一步的过程中，都能转动一个角度。即活动梁将荒管托起、前进，放到固定梁上，完成一个步距的前进；同时利用活动梁的前进步距（180~200mm），使大部分荒管每前进一步都能在固定梁上转动一个角度。因此荒管在前进的同时被逐渐加热，不仅使荒管的加热温度更加均匀，同时还可以避免荒管在炉内的弯曲变形。炉内荒管的中心标准高度高于炉底 500mm，使炉气能围绕荒管流动，形成良好的循环，保证均匀加热。待荒管被加热到指定温度并被保温至预定的时间后，由活动梁送至出料悬臂辊道上，由出料悬臂辊道送往下一道工序。

5.5.2 定减径工艺与设备

5.5.2.1 定减径工艺

定径的任务主要是保持连轧后的钢管具有较好的外表面光洁度和高精度的尺寸，同时还要使热轧成品钢管具有优良的综合使用性能。定径实际上是一种多机架的连轧管过程，与热连轧管的区别在于热连轧管时采用芯棒，而钢管的定径没有芯棒，是空心管材的连续轧制过程。定径生产工艺流程为：荒管—高压水除鳞—定径—大冷床—精整线。

减径除了有定径的作用外，还能使产品规格范围向小口径发展。减径机工作机架数较多，一般为 9~24 架。

5.5.2.2 定（减）径设备

如图 5-24 所示，定（减）径机就是二辊或三辊式纵轧连轧机，只是连轧的是空心管体。二辊式前后相邻机架轧辊轴线互垂 90°，三辊式轧辊轴线互错 60°，这样空心荒管在轧制过程中所有方向都受到径向压缩，直至达到成品要求的外径尺寸和横断面形状。现在广泛采用的是三辊定减径机。

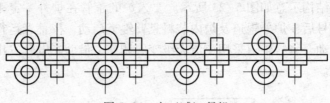

图 5-24　定（减）径机

　　减径机有两种形式，一是微张力减径机，减径过程中壁厚增加，横截面上的壁厚均匀性恶化，所以总减径率限制在 40%～50%；二是张力减径机，减径时机架间存在张力，使得缩径的同时减壁，进一步扩大生产产品的规格范围，横截面壁厚均匀性也比同样减径率下的微张力减径机好。

任务 5.6　钢 管 精 整

5.6.1　精整工艺流程

　　钢管精整工艺流程如图 5-25 所示。

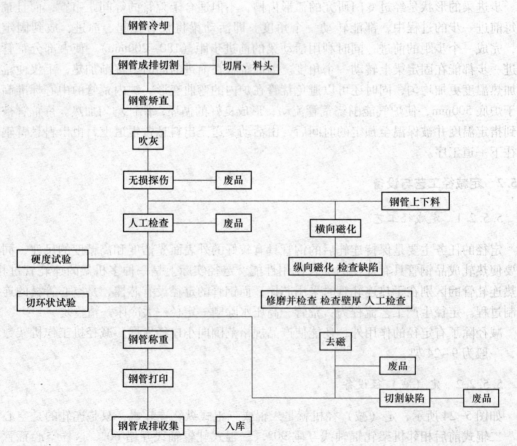

图 5-25　钢管精整工艺流程

5.6.2　冷却

钢管经定径后，将通过辊道运送到预精整区，精整线的首道工序就是冷却，冷却在冷床上进行。

5.6.2.1　冷床的形式

冷床的形式有链式冷床、齿条式冷床、螺旋式冷床、步进式冷床。广泛采用步进式冷床。

5.6.2.2　步进式冷床结构

（1）回转臂移送机。从定径机出来的管子通过辊道运送到冷床前端，再通过回转臂移钢机将管子送到冷床上冷却。

（2）床身。冷床床身包括一个焊接钢结构的运动框架、一个焊接钢结构的固定框架、活动梁的提升、移送装置。运动框架、固定框架分别固定有齿条。步进梁的提升和平移过程如图 5-26 所示。当升降驱动电机驱动偏心轴转动时，通过连杆和拉杆使步进框架上、下运动，从而带动步进梁运动。因为偏心轴带动的摆杆和活动框架是滚动接触，这样就可以保证活动梁在提升驱动过程中只有升降运动，而无平移运动。同样当横移驱动电机驱动偏心轴转动时，通过连杆使摆动机构运动，框架水平移动。

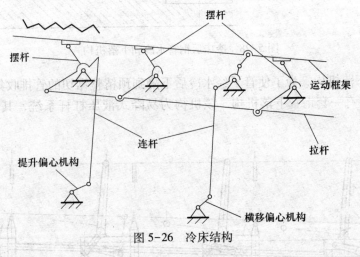

图 5-26　冷床结构

钢管在步进梁的齿条和固定梁的齿条上有两种动作方式，如图 5-27 所示。

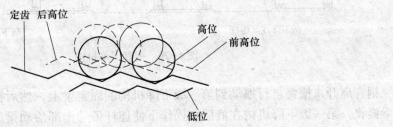

图 5-27　钢管提升移送

　　（3）臂式拨入机。钢管经过冷却后，在冷床的末端斜蓖条上将通过两台臂式拨入机送到水冷槽的旋转送料器上。臂式拨入机用液压缸操作。

　　（4）水冷槽。如图 5-28 所示，当钢管在冷床上已经冷却到低于 80℃时，就无需进行水冷，这时钢管经旋转送料器直接越过水冷槽。对于经过冷床后未降到所需温度的钢管，将进入水槽冷却，这时只需使送料器反方向旋转即可。此送料器可以两个方向旋转，送料器拨叉的头上安装有辊子，辊子和水槽底接触以减少摩擦。

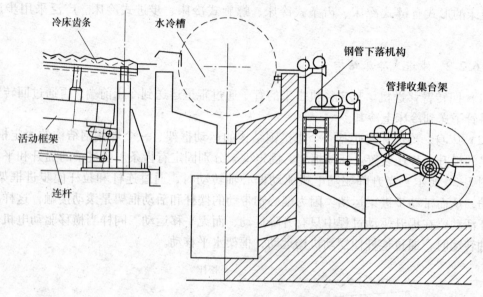

图 5-28　冷床后钢管水冷和下落机构

　　（5）钢管下落机构。为了使管子经水冷后下降到预精整锯切的管排收集台架上，在水冷槽的后面安装有一套钢管下落机构，该机构为易降式液压杠杆系统，其结构如图 5-29 所示。

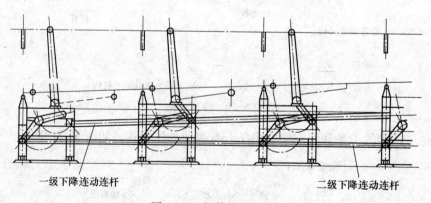

图 5-29　钢管下落机构

　　钢管离开水槽将自行挪动到第一级下降机构的固定梁上，然后被第一级下降机构的活动梁接收，第一级下降机构在液压缸操作下使连杆带动全部活动梁运动，将钢管送到第二级下降机构的固定梁上，然后通过同样的动作方式将钢管送至管排收集台架上。钢管被第一级下降机构送到第二级下降机构的固定梁的过程中，由于钢管在长度方向上下降的高度不同，因而使钢管倾斜，使管中残留的水排出。但通过第二级下降机构送至收集台架时，由结构决定使钢管下降高度在长度方向恢复了平衡。这样钢管就可以很稳定地进入精整锯切区域。

5.6.3　锯切

5.6.3.1　作用

精整锯切机目的是将定径后经过冷床冷却的钢管进行切头尾、分段，使切后钢管的定尺长度、管端质量符合相关要求。

5.6.3.2　锯切机组的结构组成

锯切机组主要由主机和辅助设备构成。

（1）主机。主机包括锯牌坊、锯座、主传动装置、进给装置、夹具、锯片减震装置、锯片冷却装置、锯片清屑装置等。

1）锯牌坊。锯牌坊是支承锯座的重要部分、框架结构。底部与基础固定，中间由铜板作为锯座的滑道。锯座在锯牌坊中间进行上下滑动。

2）锯座。锯座装有锯片主轴，内部为齿轮传动的减速机构，其主要作用为将主电机的动力传递到锯片主轴上，驱动锯片旋转。

3）主传动装置。主传动装置由主电机及锯座内的齿轮构成，通过主电机、减速机使锯片主轴达到一定的转速和扭矩。

4）进给装置。进给装置由进给电机带动进给丝杆，使锯座在牌坊的滑道中上下移动，完成锯机进给及返回动作，并由平衡液压缸保持其进给的平衡稳定性。

5）夹具。夹具由水平夹具、垂直夹具构成。水平夹具和垂直夹具每台锯上共有三对（入口一对，出口两对），分别由液压缸带动，可使管排保持在辊道正中，并对管排进行夹紧，使管排在切割过程中不会移动、打转。同时具有工位扩张功能，使锯片在返回时锯齿不会与钢管端面接触以保护锯齿及钢管端面的质量。

6）锯片减震装置。在锯座左右两侧各安装一套减震装置。主要由铜导板，位置调整装置及液压缸组成。铜导板内侧有许多小孔，通有高压风，液压装置使铜导板在锯机进给过程中靠近锯片（约0.05mm）使内外铜导板与锯片之间形成一个气垫，以达到锯片减震的目的。锯机返回时，液压装置使铜导板与锯片分离。

7）锯片冷却装置。该装置由一个叉形的风管组成，叉内侧开有很多小孔，高压风从中吹出，对锯片进行冷却。

8）锯片清屑装置。该装置由电机带动金属传送带，将切割后的锯屑运出。

（2）辅助装置。辅助装置包括管排辊道、气动对中装置、切头尾小车及挡板、定尺装置、回转臂、缓冲台架等。

1）管排辊道。管排辊道由上百个辊道组成，辊道较宽，分别由电机带动，以实现管排的运输。

2）气动对中装置。锯机前后设有管排对中装置，由气动缸带动一对夹子，将管排固定在辊道的正中间，便于切割且可提高锯口端面质量。

3）切头小车及挡板。在管排锯出口处设有切头小车，由电机带动，齿轮传动使切头小车在齿条上行走，小车下装有升降挡板，使挡板可以在线、离线。小车行走约 1000mm，即可使切头长度在 200~1200mm 内调整，由 U31 编码器向上位机传递小车位置。

4）切尾小车及挡板。在管排锯入口处设有切尾小车，由电机带动，齿轮传动使切头小车在齿条上行走，小车下装有升降挡板，挡板可以在线、离线。

5）定尺装置。在管排锯后都装有定尺装置，其由液压缸带动升降挡板在线、离线。由另一个液压缸对定尺挡板位置进行锁定。由电机带动钢丝绳拖动定尺挡板进行位置调整，挡板位置由编码器向上位机上传递。

6）回转臂。回转臂由托盘及配重组成臂体，一根轴可连接多个臂体，达到横移管排的目的。精整锯切区域共有 8 个回转臂。

7）缓冲台架。缓冲台架由钢轨及链子组成，链子由链轮传动，达到横移钢管及缓冲的目的。

5.6.4　矫直

5.6.4.1　矫直机作用

矫直机的主要作用是对来料钢管进行矫直，消除钢管在轧制、运输、热处理和冷却过程中产生的弯曲，使钢管直度符合相关要求，同时起到对钢管归圆的作用，保证管端及钢管外表面质量。

5.6.4.2　矫直机

钢管矫直原理如图 5-30 所示。

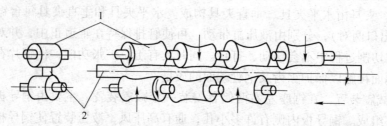

图 5-30　钢管矫直机原理
1—矫直辊；2—钢管

矫直机的结构分主机和辅助设备组成。

（1）主机设备。主机设备包括机架、主传动装置、辊间距调整装置、角度调整装置、快开装置、矫直辊、液压站和控制系统等。

1）机架。机架由上下两部分组成，由六根立柱支撑。均由钢结构构成。上部装有三套间距调整装置、三套角度调整装置，出口辊装有一套快开装置；下部安装有三套角度调整装置，入口、中间辊分别各安装有一套快开装置，中间上辊的间距调整装置与下部的离合器由一根传动轴连接完成矫直机的挠度调整。矫直辊安装在六根立柱中间。

2）主传动装置。每台矫直机都有两套传动装置。分别用于传动三个上辊和三个下辊，传动装置与轧制轴线呈 30°角布置。每一套传动装置由一台电机、一台三路减速机（减速比约 1∶8）、三个万向接轴组成。

3）间距调整装置。由调整电机带动蜗轮蜗杆，使调整丝杠旋转，从而带动矫直机上转鼓上下移动，达到调整辊间距的目的。调整中间辊挠度时，离合器闭合，传动轴带动上下辊同时上下移动，使挠度增加或减少。间距调整完毕后，由消除间隙液压缸锁紧，减少在矫直过程中上辊对丝杠的冲击。

4）角度调整装置。矫直机的六个辊都可进行角度调整。分别由液压马达带动丝杠，使丝杠带动转鼓平台在一个角度范围内转动。角度调整完毕后，由每个平台上的两个液压锁紧缸将平台角度位置固定。

5）快开装置。在入口、中间下辊和出口上辊都装有快开液压缸，液压缸与转鼓平台相连，可使装在平台上的矫直辊快速闭合、打开。快开装置有利于钢管在矫直时顺利咬入，同时可避免钢管在矫直过程中，矫直辊对钢管端部的碰伤。

6）矫直辊。矫直辊是钢管矫直的重要工具，由高铬钢为材料加工制成，根据产品大纲，用双曲线的方法设计辊面曲线。

7）液压站。每台矫直机由一台液压站提供动力，主要用于矫直辊快开装置、角度调整装置和消除间隙液压缸。

（2）辅助设备。辅助设备包括入口升降辊道、出口升降辊道、接料钩等。

1）入口升降辊道。该辊道由七个运输辊和 U 形半封闭护板组成，前四个、后三个运输辊分别由一个液压缸带动连杆使其升降。辊道设置为升降形式，主要是杜绝钢管在矫直过程中辊道对钢管表面的划伤。

2）出口升降辊道。该辊道由一个封闭的巷道和八个运输辊组成，由一个液压缸通过连杆带动运输辊道一起升降。封闭巷道的侧面是一个由液压缸开启的门，用于矫直后钢管从侧门放出。

3）接料钩。接料钩由一组 L 形的钩子和一个液压缸构成，目的是接住从出口侧门放出的钢管并把钢管放到探伤台架上。

5.6.5 检测技术

5.6.5.1 漏磁探伤

漏磁探伤机组主要包括横向探伤设备（Sonoscope）、纵向探伤设备（Amalog）、夹送辊装置及集中传动辊道等。采用漏磁探伤原理，检查钢管纵向内外表面缺陷和横向内外表面缺陷。

（1）横向探伤设备。

1）横向探伤设备的基本组成。横向探伤设备主要由导向套、磁化线圈、检测探头、信号传输系统、气动件、横移电机、升降电机及主机平台组成。

2）横向探伤设备的工作原理及探头布置如图 5-31 所示。探头布置在沿钢管圆周，分 8 个 45°扇形面积，每个扇形中各设一个探头，共 8 个，分两排，与钢管外表面接触。当管端进入时为避免管端碰撞探头，故设有上下可移动的探头悬挂装置。各相邻探头有一部分重合，以免漏探。

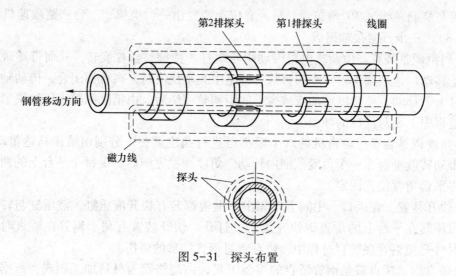

图 5-31　探头布置

（2）纵向探伤设备。

1）纵向探伤设备的基本组成。纵向探伤设备由磁极、磁化线圈、旋转体、滑环、旋转电机、润滑系统、检测探头、信号传输系统、气动件、横移电机、升降电机及主机平台组成。

2）纵向探伤设备的工作原理及探头布置。如图 5-32 所示，纵向探伤设备载入稳定的直流电源，设备中产生一恒定磁场，磁力线的方向固定，当铁磁性无缝钢管进入设备中，磁力线在钢管管壁沿周边均匀分布。

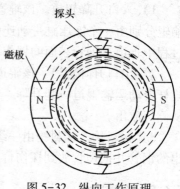

图 5-32　纵向工作原理

设备的两个探头跟随设备一同绕钢管旋转，每个探头中的线圈平行于钢管表面，一旦有缺陷存在线圈切割磁桥，在线圈中便产生感应电动势。这个感应电动势的大小取决于线圈切割磁桥处的磁通量，即由缺陷的大小决定。外表面缺陷会产生比较尖锐的磁桥而产生较高的感应电动势频率，内表面形成的磁桥还要经过管壁，所以在表面处生成的磁桥比较平缓，感生出的感应电动势频率较低（见图 5-33）。探头检测出的电信号经过放大和信号处理，根据感应电动势频率的高低可以分辨并确认缺陷是内伤或是外伤，然后，在显示器上显示出来并可配合声光报警，同时可以转化为模拟数字量打印出来便于操作人员核查。

5.6.5.2　涡流（ET）检测

涡流检测试验是根据线圈阻抗的变化间接地判断试件的质量情况。

A　工作原理

信号发生电路产生交变电流供给检测线圈，线圈的交变磁场在工件中感生涡流，涡流受到试件材质或缺陷的影响反过来使线圈阻抗发生变化，通过信号处理电路，消除阻抗变化中的干扰因素而鉴别出缺陷效应，最后显示出探伤结果。

仪器具备三个基本功能：产生交变信号、识别缺陷因素和指示探伤结果。

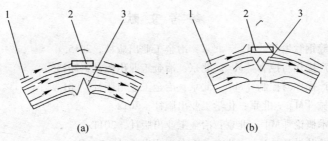

图 5-33　缺陷及磁桥
（a）平缓的磁桥；（b）尖锐的磁桥
1—磁场；2—探头；3—缺陷

B　涡流探伤仪原理

信号发生器—检测线圈—放大电路—信号处理电路—指示电路。

C　涡流探伤仪的信号处理方法

涡流探伤仪的信号处理方法有相位分析法、调制分析法、幅度分析法等。

相位分析法是在交流载波状态下，利用伤信号和噪声信号相位的不同来抑制干扰和检出缺陷的方法。

调制分析法是利用伤信号与噪声信号调制频率的不同来抑制干扰和检出缺陷的方法。

幅度分析方法是利用伤信号与噪声信号幅度上的差异来抑制干扰和检出缺陷的方法。

 习　题

5-1　工业"血管"之称的钢管有几种分类方式？请具体说明。

5-2　当供应管坯长度大于生产计划要求的长度时，需要将管坯切断，常用切断方法有哪些？简述其特点。

5-3　热轧无缝钢管生产中定心的作用是什么，管坯热定心设备有哪三种？

5-4　简述环形炉的作用及优点。

5-5　管坯常用的穿孔方式有哪些，穿孔机设备由哪四大部分组成？

5-6　穿孔顶头为什么需要冷却，影响顶头寿命的因素有哪些？

5-7　阿塞尔（ASSEL）轧管机由哪四部分组成？

5-8　简述限动/半浮动芯棒连轧管机组液压伺服压下装置的工作原理。

5-9　简述定径生产工艺流程。

5-10　冷床的形式有哪几种，常用哪种冷床，其由哪些部分组成？

5-11　矫直机的主要作用是什么，其主机设备包括哪些部分？

参 考 文 献

［1］张秀芳．热轧无缝钢管生产［M］．北京：冶金工业出版社，2015.

［2］于万松．连铸生产操作与控制［M］．北京：冶金工业出版社，2015.

［3］李秀娟．炼铁生产操作与控制［M］．北京：冶金工业出版社，2014.

［4］时彦林．冶炼机械［M］．北京：化学工业出版社，2012.

［5］王庆义．冶金技术概论［M］．北京：冶金工业出版社，2011.

［6］郑金星．炼铁工艺及设备［M］．北京：冶金工业出版社，2011.

［7］毕俊召，葛影．板带钢生产［M］．北京：冶金工业出版社，2013.

［8］文庆明．轧钢机械［M］．北京：化学工业出版社，2012.

［9］李建朝．转炉炼钢生产［M］．北京：化学工业出版社，2011.

［10］李群．钢管生产［M］．北京：冶金工业出版社，2008.

［11］时彦林，李建朝．连续铸钢生产［M］．北京：化学工业出版社，2011.

［12］王雅贞，张岩．新编连续铸钢工艺与设备［M］．北京：冶金工业出版社，2007.

［13］李建朝．转炉炼钢生产［M］．北京：化学工业出版社，2011.

［14］许石民．板带材生产工艺及设备［M］．北京：冶金工业出版社，2008.